totAl cReativiTy

EUROPAVERLAG

Blach | Heusinger | Loko
mit Lutz Meier

KREATIVIERT EUCH!

DAMIT DEUTSCHLAND WIEDER GENIAL WIRD

(Version 1.0)

EUROPAVERLAG

2018 Europa Verlag GmbH & Co. KG, Berlin · München · Zürich · Wien
Kreative Leitung: Bernd Heusinger und Marcel Loko (Hirschen Group)
Kreativdirektion & Cover: Katja Schnabel (Zum goldenen Hirschen Berlin)
Design und Illustrationen: Xuan Hoang (Hirschen Group)
Lektorat: Franz Leipold
Realisierung & Satz: BuchHaus Robert Gigler, München
Druck & Bindung: Pustet, Regensburg
ISBN 978-3-95890-235-0

www.europa-verlag.com

Für alle, die an die schöpferische Kraft
der Kreativität glauben.

INHALTSVERZEICHNIS

VORWORT

X

ES IST DIESES WM 2018-GEFÜHL

Wir gehen als Weltmeister ins Turnier – und fahren schon zum Ende der Vorrunde nach Hause. Es ist dieser Eindruck, trotz bester Voraussetzungen plötzlich nicht mehr mithalten zu können.

Es ist das Gefühl, das uns schon länger beschleicht, wenn wir an die Zukunft unseres Landes denken. Und das geht weit über Fußball hinaus.

Deutschland ist noch immer großartig: wirtschaftlich die Nummer 1 in Europa, zehn Jahre ununterbrochenes Wachstum, ein menschliches Bildungs- und Sozialsystem, im internationalen Vergleich sehr geringe Arbeitslosigkeit. Viele Theater und Museen, die besten Maschinen und die besten Autos der Welt.

Plötzlich aber werden wir links und rechts überholt: Silicon Valley hat Europa in Sachen Innovationskraft abgehängt, und der Abstand wird immer größer. Der Unternehmenswert aller DAX-30-Unternehmen zusammen ist nur noch unwesentlich höher als der von Apple allein. Doch nicht nur die USA sind schneller. Die chinesischen Internetgiganten Baidu, Alibaba und Tencent sind weltweit auf dem Vormarsch. Die Züge in Shanghai sind inzwischen moderner als in Deutschland. Die deutschen Banken sind nur noch ein Schatten ihrer selbst und spielen global keine Rolle mehr. Die Liste lässt sich fortsetzen ...

Ist also an unserem Gefühl etwas dran? Und wenn ja, woher kommt das? Als Unternehmer, die von Kreativität und von der Entwicklung kreativer Produkte leben, kamen wir schnell darauf, dass die wirklich erfolgreichen Unternehmen unserer Zeit – die in den letzten Jahren kometenhaft aufgestiegenen Technologieriesen aus den USA und China – in ihrem Kern vor allem eines sind: durch und durch kreative Unternehmen. Kreativ in ihren Strukturen, kreativ in ihren Entscheidungsprozessen, kreativ in ihren Produkten, kreativ in ihrem Auftreten.

Der Erfolg dieser Unternehmen, viele sind noch keine 20 Jahre alt, bestätigt die zentrale These des amerikanischen Wirtschaftstheoretikers und Soziologen Richard Florida. In seinem Bestseller *the rise of the creative class* zeigt er auf, dass Kreativität die wertvollste Ressource unserer Zeit ist.

Und sie wird in den nächsten Jahren noch deutlich wertvoller: Mit der sich beschleunigenden Digitalisierung und Roboterisierung werden all diejenigen Arbeitsplätze wegfallen, die automatisiert werden können. Und das sind viele Millionen allein in Deutschland, denn fast alle repetitiven und berechenbaren Arbeiten werden maschinell erledigt werden. Umso entscheidender werden auf dem Arbeitsmarkt für jeden Einzelnen von uns – und vor allem für unsere Kinder! – die zwei menschlichen Kerneigenschaften, die Maschinen nicht programmiert bekommen können: Empathie und Kreativität.

x

EMPATHIE UND KREATIVITÄT

So sagt ausgerechnet der Gründer des chinesischen Internetriesen Alibaba, der ehemalige Lehrer Jack Ma: »Lehrer müssen aufhören, Wissen zu vermitteln. Wichtig sind in Zukunft Fächer wie Sport, Kunst, Musik. Schule soll das vermitteln, was Kreativität fördert – weil Maschinen nicht kreativ sind. Dazu kommen soziales Handeln, freies Denken, gesellschaftliche Werte. Wir müssen alles lernen, was der Computer nicht kann.«

Da ist sie, die Quelle unseres unguten Gefühls: Deutschland ist im weltweiten Kreativitätswettbewerb zurückgefallen. Hierzulande ist die Erkenntnis ein wenig in Vergessenheit geraten ist, dass Kreativität den Unterschied macht. Dies ist umso erstaunlicher, weil Deutschland soziogenetisch ein Dichter-, Denker- und Erfinderland ist, das Kreativität sozusagen im Blut hat.

Gemeinsam mit unseren Freund Lutz Meier diskutierten wir nächtelang über unsere Thesen. Schnell wurde uns klar: Das ist ein Thema für ein Buch. Wir baten Lutz, diese Gedanken journalistisch zu checken und zu validieren und die Ergebnisse dann im kreativen Ping-Pong zusammen mit uns aufzuschreiben,.

Intensiv haben sich an diesem Prozess auch viele unserer 800 Kollegen der Hirschen Group beteiligt, die für unsere Agenturen 365 Sherpas, Freunde des Hauses, health angels, ressourcenmangel, VORN Consulting, TraDeers, zerotwonine und Zum goldenen Hirschen in den letzten Jahren erfolgreiche Konzepte und Werkzeuge für die kreative Kommunikation und Transformation in Unternehmen, Verbänden und Behörden erarbeitet haben.

x

DIESES BUCH IST EIN AUFRUF

All diese Gespräche, Recherchen, Interviews und Beobachtungen haben uns schließlich dazu inspiriert, nicht nur ein Buch zu schreiben, sondern einen Aufruf zur Kreativierung des ganzen Landes.

Ein Aufruf an Unternehmen, Politik, Bildung und Wissenschaft.

Ein Aufruf an die ganze Gesellschaft und jeden Einzelnen.

Einen Aufruf, der dazu beitragen soll, dass Deutschland zukünftig im weltweiten Kreativitätswettbewerb wieder ganz vorne dabei ist. Dass das Land, seine Unternehmen, seine Politiker, seine Behörden und seine Bürger lernen, sich zu kreativieren. Dass wir uns bewusst machen, wie wir die nächste Stufe erklimmen können: von der Erfinder- und Ingenieursnation zum kreativen Land. Dass wir in Deutschland Kreativität wieder gemeinsam fördern und feiern!

Es ist ein Aufruf mit dem Ziel, dass unsere Wirtschaft wettbewerbsfähig bleibt, dass jeder wegroboterisierte Arbeitsplatz durch einen viel befriedigenderen kreativen oder sozialen Arbeitsplatz ersetzt wird, dass wir zukünftig beim Fußball wieder in die Finalrunde kommen.
Aber vor allem glauben wir fest daran, dass die Kreativierung zu einer menschlicheren, weltoffenen Gesellschaft beitragen kann. Denn wer kreativ ist, glaubt nicht an die Vergangenheit – er glaubt an die Freiheit.

Viel Spaß mit diesem Buch.
Lassen Sie sich inspirieren, und vor allem: kreativieren!

Martin Blach, Bernd Heusinger, Marcel Loko, Lutz Meier

AUF DEM WEG ZUR KREATI- VITÄT

DIE KRAFT DER IDEE

Von Archimedes zur Creative Class – warum Kreativität heute in aller Munde ist, und warum sie es dennoch so schwer hat.

x

Am Anfang ist ein nackter Mann. Ein nackter Mann und eine geniale Idee. Eine geniale Idee und ein Wort, das durch die Straßen hallt. Vielleicht ist dieser Moment vor über zweitausend Jahren schuld. Vielleicht kommt da schon der Gedanke auf, der heute noch über Leute kursiert, denen öfter mal etwas einfällt: Dass sie ein bisschen neben der Spur unterwegs sind.

Jedenfalls hat die Szene, die sich der Legende nach in den Straßen der sizilianischen Hafenstadt Syrakus zugetragen hat, ein Echo bis in unsere Gegenwart: Ein Nackter rennt wie besessen durch den Staub der Gassen. Das Wort, das er ruft, klingt immer noch nach, sodass es zum Beispiel der US-Bundesstaat Kalifornien seit jeher über sein Wappen schreibt als Heimat all jener Labore und Business-Etagen, in denen die Geräte, Algorithmen, Geschäftsmodelle ersonnen werden, die wir jeden Tag bewundern und fürchten.

»Heureka!«, ruft der Nackte, der da draußen einen Ruf zu verlieren hat. »Ich hab's gefunden!«

Die Idee ist es nämlich, die ihn aus der Badewanne auf die Straße treibt. Ihn, Archimedes von Syrakus, der bereits ein berühmter Mathematiker ist. Dieser Archimedes hatte nicht einfach, wie unsereiner auch zuweilen, in der Wanne einen Geistesblitz und darüber seine Klamotten vergessen.

Nein, wenn wir der Überlieferung trauen dürfen, hat Archimedes stattdessen in seinem ungestümen Erkenntnisdrang selbst die Momente im Bad noch zum Forschen genutzt. In der Wanne sitzend, hat er demnach mit der Wasserverdrängung von Körpern herumexperimentiert. Und auf diese Weise bewahrte der Spitzenforscher des Herrn seinen König und Auftraggeber vor einem folgenschweren Betrug mit einer Krone aus falschem Gold. Nebenbei hat er noch ein Naturgesetz herausgefunden und sich bis heute ins kollektive Gedächtnis all jener eingeschrieben, die erst lebendig werden, wenn ihnen etwas eingefallen ist.

Dieses Buch möchte es Archimedes gleichtun: Wir wollen dem Schöpferischen Widerhall verschaffen. Wir glauben, dass das dringend nötig ist, dass unser Land wieder mehr Experimentierlust und Ideenkultur braucht. Deshalb wollen wir durch die Straßen und Gassen unseres Landes rufen: Jeder soll Archimedes werden können! Das geht auch mit Kleidung. Und ohne Altgriechisch oder neue Gesetze der Physik. Unser Ruf lautet: Gepriesen sei die Kreativität!

Da hören wir schon den Einwand: Wozu benötigen Schöpferdrang und Entdeckerkühnheit heute noch Lob und Preis? Wer will noch ein ganzes Buch lang hören, wie wichtig Ideen sind? Wer will daran erinnert werden, dass wir die guten Einfälle aus uns herauspressen müssen, weil wir sonst alle untergehen? Oberflächlich betrachtet, hat doch Kreativität längst eine gute Presse, so gut wie noch nie in ihrer Geschichte.

In unseren Tagen, notiert der Soziologe Andreas Reckwitz in seiner Studie *Die Erfindung der Kreativität* gallig, sei der allgemeine Kreativitätszwang schon so weit gekommen, dass wer nicht kreativ sein kann, nach allgemeiner Ansicht Hilfe braucht. Das berühmte Wort von Helmut Schmidt hat sich demnach längst umgedreht: Wer keine Visionen hat, muss heute zum Arzt. Und wer nicht kreativ sein *will*, hat laut Reckwitz ein noch viel größeres Problem – so wie in den vorhergehenden Jahrhunderten vielleicht jemand, der nicht moralisch sein wollte, nicht vernünftig oder nicht normal.

In der Tat, ein komischer Kauz mit wilden Gedanken zu sein ist heute in weiten Teilen von Wirtschaft und Gesellschaft nicht nur akzeptiert, sondern manchmal überhaupt erst Voraussetzung dafür, wahrgenommen zu werden – anders vielleicht als zu den Zeiten des Archimedes. Das Kreative als ästhetisches Prinzip beherrscht die Gegenwartskultur. Es gibt überall wortmächtige Leute, denen es gar nicht disruptiv genug sein kann.

Und da wollen wir allen Ernstes noch rufen: »Kreativiert euch!«? Wollen wir offene Türen einrennen? Noch so ein Geistesblitzbuch schreiben, in dem steht, dass (und wie) wir es schleunigst alle Apple und Google nachzumachen haben? Gott bewahre! Das käme uns irgendwie ... unkreativ vor.

Ja, es stimmt: Oberflächlich betrachtet, sind die Kreativen die Helden unserer Kultur, von Steve Jobs über Stephen Spielberg bis zu Lionel Messi. Ist das Neue, ist der Geist der schöpferischen Zerstörung, sind Innovationszyklen und Kreativtechniken wie Design Thinking längst die Fetische unseres Wirtschaftslebens. Ganze Magazine leben davon, das Monat für Monat zu predigen. Aber wir haben Grund, diesem Geklingel um Worte und Äußerlichkeiten zu misstrauen. Wir glauben, dass ein unglückseliges Missverständnis um die Kreativität herrscht. Wir haben den Eindruck, dass es bei all dem Gerede nur um eine Ästhetik des Kreativen geht, um nicht mehr als einen bunten Schleier. Und wir fürchten, dass sich hinter diesem Schleier ein großes Problem mit Kreativität verbirgt, das speziell wir in Deutschland haben.

Ja, alle finden sie heute oberflächlich gut und schön. Doch gleichzeitig fehlt hierzulande fundamental das Bewusstsein, wie wichtig schöpferisches Denken und Handeln für unsere Wirtschaft und Gesellschaft geworden sind. Wir meinen etwas anderes als ein bisschen Design hier und ein paar flotte Büros dort. Wir meinen, dass in unseren Zeiten Kreativität der Modus Operandi der Gesellschaft werden muss. Wir fürchten, dass unsere Firmen, unsere Behörden, unsere Bildungseinrichtungen strukturell nicht genügend vorbereitet sind auf eine Zeit, in der es um kreative Ideen, Prozesse, Denk- und Handlungsweisen geht – ausgehend von menschlicher Empathie. Denn wir sind davon überzeugt, dass wir am Beginn einer Ära der Kreativierung stehen. In dieser Ära bestimmt das schöpferische Vermögen einer Gesellschaft über ihren Wohlstand, ihre Modernität, das Maß an Selbstbestimmung, das in ihr möglich ist. Entweder wir kreativieren uns – oder wir werden von anderen Firmen, von anderen Ländern, von anderen Kindern ins Abseits kreativiert.

x

KREATIVITÄT – DAS WICHTIGSTE ZUKUNFTSTHEMA FÜR 80 MILLIONEN DEUTSCHE

Der Diskurs über Kreativität muss sich herausbewegen aus den engen Extremen der kauzigen Buntkrawattengestalter auf der einen und der übermenschlichen Großgenies auf der anderen Seite; er muss hineingetragen werden in die Breite der Wirtschaft, der Bildung und der Gesellschaft: Es ist das wichtigste Zukunftsthema für 80 Millionen Deutsche! Wir mögen noch so sehr an Gurus glauben und Start-ups bewundern, aber im Alltag und im Berufsleben werden Kreativität und Empathie schon in den nächsten Jahren für jeden Einzelnen von uns überlebensnotwendig.

So werden in unseren Schulen Naturwissenschaften gefördert, was nicht falsch ist – aber künstlerische Fächer werden vernachlässigt. In unseren Firmen ist oft Effizienz das Wichtigste – und Originalität gilt fälschlicherweise als Angriff darauf. In unserem Staat und unserer Verwaltung denken wir bei Kreativität zu schnell an »kreative Buchhaltung« oder andere »kreative Lösungen« – die Vorstufe zu Steuerhinterziehung und Rechtsbeugung. Dabei schlummern gerade in der Verwaltung riesige Potenziale für Verbesserung und Erneuerung, die ohne kreative Impulse niemals gehoben werden können.

Der globale Handel, die Netzökonomie und die rasante Entwicklung bei robotisierten Prozessen lassen uns keine Wahl: Wenn wir ein Hochlohnland bleiben wollen, mit Sozialstaat, der schützt, mit Rechtsstaat, der seine Werte verteidigt, und mit einer öffentlichen Kultur, die den Denkraum weitet; wenn wir weiter davon leben wollen, dass alle Welt unsere Waren kauft – dann müssen wir künftig ständig etwas Neues liefern. Nicht mehr nur die perfekte Umsetzung erprobter Verfahren beherrschen, nicht mehr nur die innovative Weiterentwicklung von lange errungenen Positionen, sondern auch das bisher völlig Ungekannte.

Die Zahl mag mit Vorsicht zu genießen sein, ein Warnzeichen ist sie allemal: Laut den Daten des Europäischen Patentamts enteilen unserem Land schon seit mehreren Jahren die Konkurrenzländer USA, China und Japan bei den angemeldeten internationalen Patenten. Patente sind nicht die einzige Messgröße, aber sie sind ein relevanter Gradmesser für die Kreativität eines Landes. Immaterielle Wirtschaftsgüter sind gewinnbringender als Waren, die auf Schiffen rund um die Welt transportiert werden. Die vier tonangebenden Tech-Unternehmen der USA, Apple, Amazon, Facebook und Google, sind zusammen an der Börse doppelt so viel wert wie das gesamte deutsche Börsen-Oberhaus des Dax mit 30 Top-Unternehmen. Während im DAX fast nur Traditionsunternehmen mit seit langer Zeit bekannten Geschäftsmodellen vertreten sind, waren die vier genannten US-Firmen vor 44 Jahren noch nicht einmal gegründet. Man kann auch Daten aus dem Bundeswirtschaftsministerium zitieren: Der Anteil der deutschen Mittelständler, die Neues hervorbringen, ist demnach in den letzten 20 Jahren von 53 auf 35 Prozent gefallen. Gleichzeitig liegt Deutschland bei den Ausgaben für Forschung und Entwicklung hinter anderen Ländern zurück. All das in einer Zeit, in der weltweit neue Erkenntnisse und Produkte der wichtigste Antrieb der Wirtschaft geworden sind.

X

INDUSTRIALISIERUNG, DIGITALISIERUNG – UND ALS NÄCHSTES: KREATIVIERUNG

Wie es so weit gekommen ist, wollen wir verdeutlichen, indem wir die Entwicklung unserer modernen Marktwirtschaft im Schnelldurchlauf vorbeiziehen lassen: Jahrhundertelang genügte es, um Erfolg zu haben, das richtige Produkt (oder die richtige Dienstleistung) am richtigen Ort feilzubieten. Mit dem Turbokapitalismus kommt seit den 1990er-Jahren ein zuvor ungekannter Rationalisierungsdruck hinzu. Seitdem geht es mehr denn je um Wettbewerbsfähigkeit: Wer kann ein vergleichbares Produkt schneller und billiger liefern als alle anderen auf der Welt? Beide Entwicklungen haben die deutschen Traditionsunternehmen gut gemeistert. Aber jetzt, nachdem sich Netzwerkökonomie und digitale Produkte durchgesetzt haben, geht es hauptsächlich um die Qualität des gesamten Erlebnisses: Nicht mehr das im Vergleich etwas bessere Produkt zählt, sondern die überlegene Lösung für ein Bedürfnis. Wir Kunden vergleichen nicht mehr nur unterschiedliche Angebote ein und derselben Produktkategorie, bevor wir zuschlagen, sondern immer häufiger ganz unterschiedliche Antworten aus neuartigen Kategorien.

Natürlich ist diese Darstellung ein wenig schematisch, denn die Marktwirtschaft lebt schon seit Langem davon, dass findige Köpfe neue Bedürfnisse ausmachen und auf diese Bedürfnisse neue Antworten liefern – sonst gäbe es weder Coca-Cola noch Nike-Sneaker noch den Thermomix. Und natürlich haben Marketingspezialisten wie wir seit Langem schon das Ziel im Blick, dem Angebot, das wir verkaufen sollen, möglichst einzigartige Merkmale beizugeben oder es mit Geschichten, Bildern und Emotionen begehrlich zu machen. Aber was sich geändert hat, ist dies: Jene beiden Punkte sind im Lauf der Entwicklung die hauptsächlich entscheidenden geworden. Es geht inzwischen nicht mehr allein um differenzierende Qualitätsmerkmale eines Angebots. Es geht um das andere, das neue Angebot.

X

AUTOS VERKAUFEN – ODER BEWEGUNG?

Hier ein Beispiel, das für Deutschland besonders entscheidend ist: Bis vor Kurzem haben die Autokonzerne der Welt sich (nur) mit ihren Fahrzeugen einen Kampf um die Autokäufer geliefert. Unter dem Druck der von außen kommenden Veränderung – Urbanisierung, Klimawandel, Roboterisierung des Autofahrens – nennt sich heute kaum einer der Großen mehr Autobauer. Mobilitätsanbieter wollen sie sein; nicht Fahrzeuge verkaufen, sondern Bewegung. Und die Konkurrenten sind App-Entwickler, Batteriehersteller, Leasing- also Finanzdienstleister, ein Suchmaschinenbetreiber und ein kalifornisches Start-up, das in wenigen Jahren mehr Börsenkapital mobilisieren konnte als einige der Platzhirsche nach über einem Jahrhundert. Egal in welcher Branche, die wenigsten Firmen haben heute noch, so wie früher, ein klar umrissenes Konkurrenzumfeld. Wettbewerber lauern überall, und Google ist fast immer darunter. Das erleben nicht allein große Konzerne, es gilt in gleichem Maße auch für kleine Handwerker, Einzelhandelsläden, Freiberufler.

Dieser Wandel des Wirtschaftens bedeutet aber, dass es in Unternehmen nicht mehr hauptsächlich darum gehen muss, an Prozessen und Produkten zu arbeiten: zu adaptieren und zu perfektionieren, sondern darum, Lösungen zu finden. Antworten auf Bedürfnisse ganz neu zu erfinden. Nicht das bessere Auto, sondern etwas, das den Autobesitz ersetzen kann.

Für dieses Ziel braucht es nicht einfach ein paar Entwickler, die kreativer sind als früher. Es braucht eine kreative Organisation. Gemeint ist eine Organisation, die darauf ausgerichtet ist, permanent Lösungen hervorzubringen, und zwar in allen ihren Teilen. Das nennen wir »total creativity«. Es reicht nicht mehr, auf einzelne, schöpferisch begabte Paradiesvögel in der Designabteilung zu setzen, während wir weiterhin im Controlling Erbsenzähler, in der Buchhaltung graue Mäuse, in der Produktion Einpeitscher und im Verkauf Kollegen mit Drückerqualitäten ihren Stiefel machen lassen. Wir brauchen vielmehr eine schöpferische Organisation. Mit einem Klima, in dem jeder Mitarbeiter Teil eines kreativen Gefüges ist.

Als Ulrich Kranz, Chefentwickler der E-Mobilitätssparte bei BMW, vor zehn Jahren in einer autonomen Einheit an »Project i« zu arbeiten begann, hatten seine Chefs ausdrücklich offengelassen, ob am Ende etwas herauskommen soll, das Räder hat – oder etwas ganz anderes. Kranz bekam ein Büro, eine Sekretärin, ein Budget, Mitarbeiter. Und er bekam die Aufgabe, einen Ausweg für eine Firma zu finden, die das Röhren und Rauchen der Aggregate schon im Namen führt. Mit sieben Leuten fing er an; sie löcherten Stadtplaner, Soziologen, flogen zu Umweltaktivisten auf fünf Kontinenten und quartierten sich bei Familien in Schanghai, Mexiko City und Los Angeles ein. Am Ende stand mit dem BMW i3 zwar doch wieder ein Auto, aber indem sie das Produkt entwickelten, mussten Kranz und seine Leute der Frage nachgehen, was ein Autokonzern heutzutage sein muss. Sie waren recht früh dran, aber inzwischen stehen in allen Branchen die Verantwortlichen vor solchen Fragen. Es sind die Fragen nach dem Geschäftsmodell, dem Markenkern, dem Wettbewerbsumfeld, und sie müssen bei jedem Entwicklungsprozess auf allen Ebenen neu beantwortet werden. Alles ist im Fluss.

Die Antwort von Kranz & Co. hat BMW zunächst viel Geld gekostet und wenig Beiträge zu den Quartalsergebnissen eingebracht, und dazu noch wohlfeilen Spott von der untätigen Konkurrenz. Aber selbst wenn die leichte, aber teurere Kohlefaserkarosserie des i3, dessen Verkaufszahlen mittlerweile spürbar ansteigen, in ein paar Jahren wieder abgeschafft wird – dann hat die Operation dem Unternehmen dennoch eine Ressource geschaffen, die ihm auf lange Sicht nutzen dürfte: Mut. Und Mut ist immer der erste Schritt auf dem Weg der Kreativierung. So ist BMW dadurch sichtbar und für die Kunden erlebbar weiter als mancher Konkurrent. Wenn sie jetzt auch wirklich dran bleiben ...

Die Kreativierung braucht einen längeren Atem, als ihn viele kurz aufgesetzte Change-Management-Projekte in Unternehmen haben. Und Kranz, der seit seiner Jugend an Motoren herumgeschraubt hat, also ein Car Guy alter Schule ist, hat der Hunger nach dem Neuen nicht mehr losgelassen. Der Ingenieur hat mit zwei Kollegen das Start-up Evelozcity (holpriger Name, wir helfen gerne weiter ...) gegründet, das mit einer Flotte preisgünstiger und geräumiger Elektrokompaktwagen die Autowelt revolutionieren will. Aber dieses Mal sitzt er, befeuert von stürmischen veränderungsbereiten Investoren und mit einer schlappen Milliarde Dollar Startkapital, in Kalifornien, nicht mehr in einem Traditionsunternehmen im Traditionsland Deutschland. Leider.

x

KREATIV SEIN HEISST, ALLES ZUSAMMEN DENKEN!

Vor der jüngsten technologischen Revolution war es in der Industrie in der Regel noch so, dass eine Ware erst entwickelt, dann hergestellt, beworben und schließlich verkauft wurde. Heute sind alle diese Funktionen zusammengefallen (mal mehr, mal weniger, je nach Branche). Damit sind aber auch alle Teile des Unternehmens gleichermaßen verantwortlich für die Hervorbringung des Neuen. Alle müssen kreativ sein, zusammen. Also nicht nur die Entwickler oder nur der Vertrieb oder nur die Kommunikatoren.

Was für Firmen gilt, gilt für Staat und Verwaltung, Bildung und Medien, Medizin und Pflege unserer Auffassung nach umso mehr: In einer Welt, in der jeder gebraucht wird, muss auch jeder ertüchtigt werden. Bei dieser Aufgabe stehen wir aber ganz am Anfang, trotz aller Start-up-Hypes und trotz – vielleicht sogar wegen – der zuletzt inflationären Fokussierung auf die Digitalisierung.

Bereits kurz nach der Jahrtausendwende hat der US-Ökonom und Stadtplaner Richard Florida in einem berühmt gewordenen Buch den »Aufstieg der kreativen Klasse« beschrieben. Er schilderte, wie seit den 1970er-

Jahren die (im weiteren Sinn) Kreativen die neue herrschende Schicht in der Wirtschaft und in den Metropolen der gesamten entwickelten Welt wurden. Wie die bunte Schar von Freigeistern, die die Popkultur großgemacht und die soziale Revolution von 1968 angetrieben hatten, heute den Ton angibt – wobei viele von ihnen paradoxerweise im gleichen Maße die alte Anti-Establishment-Attitüde beibehielten, während sich ihr Output mehr und mehr industrialisierte und institutionalisierte. Wirtschaftswachstum, schreibt Florida, ist seitdem vom kreativen Output einzelner Einheiten abhängig. Er zeigt auf, wie Regionen mit hohem Kreativ-Output regelmäßig gegen solche mit eher geringer schöpferischer Hervorbringung gewinnen. Er beschreibt, wie in Firmen die Dominanz von Mitarbeitern mit kreativen Funktionen zugenommen hat. Das Vermögen zur Kreativität, so der Autor, sei heute der zentrale Wettbewerbsvorteil von Gesellschaften.

Diese Entwicklung schreitet voran. Die Allmacht des und der Kreativen ist weit gekommen. Es ist aber keine totalitäre Allmacht, die wir fürchten müssen – sie kann im Kern sogar Befreiung bedeuten, denn die Entwicklung, die kreative Motivation aufwertet, hat in vielen Fällen Vielfalt, Selbstbestimmung, Chancenoffenheit in die Wirtschaft gebracht. Und sie hat geholfen, viele alte, unmenschliche Strukturen zu überwinden. Florida beschreibt auch, wie kreativ arbeitende Unternehmen ihren Mitarbeitern mehr Eigenverantwortung, mehr Einfluss, mehr persönliche Freiheiten zubilligen müssen, als dies in der traditionellen Arbeitswelt möglich war.

Seit Erscheinen seines Buches ist im Standortwettbewerb viel von der Kreativwirtschaft die Rede. Wer Start-ups, Kommunikatoren, Designer und Softwareentwickler anziehe, so die Logik der Regionalvermarkter, der schaffe die Grundlagen für Wachstum. Im Grunde allerdings war die Idee von der Kreativwirtschaft schon zu Zeiten von Floridas Arbeit überholt. Nicht mehr die Kreativwirtschaft gibt den Ton an, sondern der erfolgreiche Teil der Wirtschaft beginnt sich nun quer durch alle Branchen zu kreativieren.

Diese Kreativierung ist keine Utopie mehr, sie ist längst in Gange. Das sollten wir uns alle rasch bewusst machen! Denn das Adaptionstempo entscheidet bei jedem einzelnen Unternehmen über Erfolg oder Untergang. Und nicht nur bei jedem einzelnen Unternehmen, sondern auch bei jedem einzelnen Arbeitnehmer.

In diesem Buch wollen wir zeigen, wie daraus eine große Chance wird.

WIE IDEEN DEUTSCHLAND GROSS GEMACHT HABEN

**Als Erstes der Buchdruck. Dann das Bier.
Die Glühbirne. Das Telefon. Der Dynamo.
Der Sozialstaat. Das Auto. Plattenspieler, Röntgenstrahlen,
Aspirin. Zündkerze, Thermosflasche, Relativitätstheorie.
Zahnpasta, Kaffeefilter, Fernsehen.
Düsentrieb, Kernspaltung, Computer.
Currywurst, Stollenschuh, Pille, .mp3**

x

Das sind, der Chronologie folgend, die wichtigsten Erfindungen aus Deutschland. Uns ist eben immer was eingefallen.

Erfinderstolz ist schon lange zu einer treibenden Kraft des deutschen Nationalstolzes geworden. Als in den Jahren nach der Jahrtausendwende das hiesige Selbstbewusstsein etwas darniederlag, dachten sich die Agenturen Scholz & Friends und Zum goldenen Hirschen zur WM 2006 für die Bundesregierung und die Industrie einen Slogan aus, der bis heute weiterlebt: »FC Deutschland 06 – Land der Ideen«. Dahlienblüten in Nationalfarben, manchmal etwas vergilbt, kleben seit der Fußball-Weltmeisterschaft 2006 im ganzen Land an Tausenden Plätzen. Sie sollen dokumentieren, wie produktiv dieses Land der Ideen immer noch ist. Zuletzt kamen ein essbarer Trinkhalm und ein Gemeinschaftsbüro mit Kinderspielfläche dazu. Eine mobile Werkzeugmaschine und eine intelligente Fußleiste. Oder auch eine Algenfarm, die Kenia ernähren soll. Schon klar, dass es nicht immer der Buchdruck von morgen sein kann.

Ja, wenn man zurückblickt, dann sind wir das Land der Ideen. Erstens, das Land der Dichter, der Denker, der Maler und der Musiker: Goethe, Aufklärung, die Philosophen, Albrecht Dürer und Gerhard Richter, Beethoven und Kraftwerk. Zweitens, das Land der naturwissenschaftlichen Entdeckungen: Relativitätstheorie, Tuberkel, Röntgenstrahlen. Drittens, jedoch am wichtigsten: Das Land der überlegenen, weltweit vermarktbaren Industrieprodukte. Exportweltmeister Deutschland. Hidden Champions, verborgene Weltmarktführer. Bewunderung auf aller Welt für deutsche Autos. Maschinen, die die Fabriken der Welt bestücken und die uns selbst noch zu Profiteuren machen, wenn die Industrieproduktion aus Europa nach China abwandert. Wir hören es ja selbst, wenn wir in der Welt unterwegs sind: Das deutsche Wirtschaftsmodell wird überall bewundert. Wenn doch einmal Kritik laut wird, wie von IWF-Chefin Christine Lagarde oder dem Wirtschaftsnobelpreisträger Paul Krugman, dann muss es sich um Neid handeln. Fähigkeit zur Selbstkritik ist schon seit Längerem keine Idee mehr aus dem Land der Ideen.

Die Blütezeit der Ideen hierzulande war das 19. Jahrhundert. Es war 1866, als Werner von Siemens den Dynamo erfunden hat und damit die Stromerzeugung revolutionierte. Siemens wurde zum Weltkonzern, dessen wichtigste Geschäftssparte immer noch auf der Erfindung des Firmengründers beruht. Ähnliches kann man von Daimler sagen. Oder von Bosch. Es wimmelt in Deutschland von erfolgreichen Unternehmen, die ihr Kernprodukt über Jahrzehnte weiterentwickelt und auf der Höhe der Zeit gehalten haben.

Die primären Ingenieurstugenden sind des Deutschen liebste Tugenden: Präzision. Beharrlichkeit, Schweigsamkeit. Wille zur Exzellenz. Was hier nicht dazu zählt, hat es schwer im Land: Offenheit in der Kommunikation, Offenheit für verrückte Wendungen, nicht sofort zielgerichtet erscheinendes Herumprobieren.

Diese Tugenden, aber eben auch die Erfindungen und Entdeckungen der Vergangenheit haben das Land erfolgreich gemacht, aber leider auch selbstgewiss. Land der Ideen, das heißt heute »Wir sind wer!« Aber Land der Ideen heißt leider viel zu selten: Uns fällt schon was ein. Oder: Wir müssen uns dringend mal was Neues einfallen lassen.

x

WIR MÜSSEN UNS DRINGEND MAL WAS NEUES EINFALLEN LASSEN

Man muss vielleicht erst einmal nach den Gründen für den Aufstieg unseres Landes suchen. Wie wurde es zum Land der Ideen? Dessen Wurzel liegt in den Epochen der Industrialisierung und Aufklärung. Oft wird gesagt, die Deutschen hätten als verhältnismäßig rohstoffarmes Land von Beginn an auf innovative Industrie setzen müssen. Berühmt geworden ist auch die Theorie über »Die protestantische Ethik und der Geist des Kapitalismus«, die der Soziologe Max Weber bereits 1904/05 aufstellte. Demnach hat die Reformation speziell (aber nicht nur) im deutschen Sprachraum den Ethos des »getriebenen Arbeiters« und das Streben nach langfristiger Anhäufung von Kapital hervorgebracht. In protestantischen Gebieten dominiere technische Schulbildung, in katholischen hingegen humanistische. Der Protestantismus habe den Rationalismus als zentrale Ideologie in Deutschland etabliert.

Sicherlich hat auch eine Rolle gespielt, dass Deutschland genau in dem Zeitraum zum Imperium und zum zollfreien Binnenmarkt wurde, als die Industrialisierung nach zusätzlichen Absatzmärkten verlangte und diese gleichzeitig möglich machte. Ein glücklicher historischer Moment. Oder die Frucht des Umstands, dass die deutsche Nation und ihre Einigung letztlich ein Produkt der ökonomischen Erfordernisse waren, je nach Geschichtsbild.

Eine wichtige Rolle für den deutschen Perfektionierungswahn spielte wahrscheinlich auch die Empfindlichkeit, mit der hierzulande auf Kritik reagiert wurde. 1876 hatten viele deutsche Waren auf dem Weltmarkt noch ein Billigimage. Sie galten als Nachahmerprodukte ohne eigene Wertschöpfung. Auf der Weltausstellung in Philadelphia fällte der – deutsche – Preisrichter Franz Reuleaux ein vernichtendes Urteil: »Deutsche Waren sind billig und schlecht.« Die Verantwortlichen in Politik und Unternehmen nahmen sich das Verdikt in den folgenden Jahren sehr zu Herzen. Zwar toste zunächst eine Welle der Empörung, doch Reuleaux' Forderung »Konkurrenz durch Qualität« fiel auf fruchtbaren Boden. Ingenieur und Hochschullehrer Reuleaux selbst konnte das erste einheitliche Patentgesetz des Reiches durchsetzen. Und die Regierung begann eine aktive Mittelstandspolitik. Das ist eine deutsche Tugend, die immer wieder in der Geschichte geholfen hat: Die Fähigkeit, Schwächen zu erkennen und aktiv, um nicht zu sagen kreativ zu überwinden.

x

DEZENTRALE STRUKTUR ALS ERFOLGSGEHEIMNIS

Wenige Jahrzehnte zuvor hatten die Deutschen selbst begonnen, darüber zu sinnieren, warum sie so besonders sind. So entwickelte sich die romantische Idee von einem Land, dass der Welt Schönheit und Erkenntnis zu geben hat, nicht imperiale Ambition – Exportweltmeister der Poesie sozusagen. Jacob Grimm propagierte die Idee vom Volksgeist, der eine kollektive »Naturpoesie« hervorbringe. Der einflussreiche revolutionäre Publizist Robert Prutz fasste es so: »Wir sind die weise Frau der Weltgeschichte, die großen Ideologen, die den Nationen Unterricht geben in der Philosophie und der Poesie und der Kunst und kurzum in allen Dingen, zu deren Ausführung man nicht vom Stuhl aufzustehen braucht.« Die französische Madame de Staël hingegen analysierte kühl den kreativen Welterfolg Deutschlands mit Argumenten, die noch heute Gültigkeit haben: Sie führte zum einen die dezentrale Struktur des Landes ins Feld. Zum anderen beschrieb sie, dass die künstlerischen Eliten in Deutschland anders als in Frankreich oder England nicht aus dem gleichen Stall kommen wie die wirtschaftlichen und politischen Eliten. »Da die ausgezeichneten Männer Deutschlands nicht in einer und derselben Stadt versammelt sind, so sehen sie sich beinahe gar nicht und stehen nur durch ihre Schriften mit einander in Verbindung«, schrieb die Schriftstellerin in ihrem berühmten Werk De l'Allemagne. »Die deutschen Schriftsteller beschäftigen sich nur mit Theorien, mit Gelehrsamkeit, mit literarischen und philosophischen Untersuchungen, und davon war für die Mächtigen dieser Welt nichts zu fürchten.«

Was Deutschland im 19. Jahrhundert kreativ gemacht hat, könnte uns auch heute wieder helfen, wenn wir es uns denn bewusst machen: günstige Umstände erkennen und nutzen. Lernen von (und sogar kopieren bei) der Konkurrenz. Selbstkritik und Verbesserungswille. Bildungsehrgeiz. Und ein gewisser politischer Harmoniewille oder sogar: Konfliktscheu, welche die politischen und sozialen Kämpfe eingehegt haben, bevor sie destruktiv wurden.

Genauso wichtig wie die Entwicklungen im 19. Jahrhundert ist für das heutige wirtschaftliche Standing Deutschlands die Nachkriegszeit. Das Wirtschaftswunder als Frucht der weitgehenden soziologischen Umwälzung des Landes nach dem Krieg. Die Delegitimierung der Tradition und der produktive Erneuerungszwang. Die soziale Durchlässigkeit in den 1960er-Jahren. Davon ist leider zu wenig übrig.

Und das gilt generell. Wer auf die Gründe für den deutschen Erfolg blickt, sieht auch, wie all diese positiven Grundbedingungen seit Jahren in den Hintergrund getreten sind. Und dass Tugenden, die nicht schon aus dem 19. Jahrhundert stammen, es bei uns immer noch zu schwer haben.

Land der Ideen. Das war ein schöner Anspruch, auch wenn die Schilder mittlerweile oft vergilbt sind. Vielleicht müssen wir nun ein Land für Ideen werden. Ein Land, das die Ideen feiert, ein Land, das ungewöhnliche Ideen nicht gleich abtut, und ein Land, das lieber viele neue Ideen sucht, als sich auf den alten weiter auszuruhen.

DIE HERAUSFORDERUNGEN VON KÜNSTLICHER INTELLIGENZ, DIGITALISIERUNG UND GLOBALISIERUNG FÜR JEDEN EINZELNEN

Roboter werden alle repetitiven Arbeiten übernehmen – aber wirklich kreativ sein können sie nicht

X

Als im Februar 2016 das Musical »Beyond the Fence« im Londoner Arts Theatre Premiere feiert, stehen alle Zeichen auf Erfolg. Versprochen ist ein anrührendes Mutter-Tochter-Drama, das in einem Anti-Nachrüstungscamp der 1980er-Jahre angesiedelt ist – und als Hauptfigur eine Aktivistin, hin- und hergerissen zwischen ihrem Kampf für den Frieden und der Liebe ihrer stummen Tochter zu einem US-Flieger. »Das ist neu und aufregend und – anders«, urteilt begeistert eine Vorpremierenbesucherin. »Es war brillant«, sagt eine andere.

Aber ein Erfolg wird »Beyond the Fence« dann doch nicht. »So fade, harmlos und vergnügenbringend wie ein warmes Milchgetränk«, urteilt die Kritikerin des *Guardian*. Nach ein paar Wochen Spielzeit wird die Aufführung wieder abgesetzt. Es lohnt sich dennoch, die Geschichte um das gescheiterte Musical genauer anzuschauen, denn es ist das erste Musikdrama der Welt, das weitgehend von einer Software geschrieben und komponiert ist. Forscher der Universität Madrid, deren Spezialgebiet Künstliche Intelligenz ist, hatten einen Algorithmus entwickelt, der die textlichen und musikalischen Elemente von Erfolgsmusicals genau analysiert. Milliarden von Daten untersuchten deren Rechner. Schließlich verdichteten sie die erfolgreichsten Elemente zu einer Komposition und einer Geschichte, die besonders bewegend sein sollte – und die dann trotzdem durchfiel.

Das klingt schon mal nach Erleichterung für die Kreativen der Welt: Die Computer können's doch nicht. Sollen Roboter doch Autos zusammenschrauben, Vorstellungsgespräche führen, Werbeplätze buchen, Produktvorschläge unterbreiten, uns demnächst quer durchs Land chauffieren und unseren Modegeschmack erkennen können – kreativ können sie nicht! Ganz so leicht dürfen wir es uns allerdings nicht machen. Schließlich war der Versuch mit dem Musical erst ein Anfang. Hunderte von Forschern auf der ganzen Welt versuchen seit Jahren, die Frage zu ergründen, wie kreativ Computer sein können. Es gibt e-David, den Malroboter der Uni Konstanz, der sich sogar schon an sein Selbstportrait gemacht hat – und der es bis zum Assistenten der Künstlerin Lyat Grayver brachte. Es gibt Kompositionssoftware und Programme zum Entwickeln von Figuren in Geschichten. IBM hat seine Künstliche-Intelligenz-Software Watson mit Daten aus Kochbüchern gefüttert und eigene Rezepte entwickeln lassen. »Lecker«, urteilten die befragten Köche. Die Forschung auf diesem Feld schreitet mit großen Schritten voran. Aber ob am Ende wirklich kreative Roboter stehen, bleibt sehr zweifelhaft.

Immerhin gibt es schon Programme, die angeblich die Ergebnisse von menschlichen Kreativen einschätzen können: Erfolgreiche Softwareangebote versprechen die nahezu sichere Vorhersage von Kassenerfolg und Flops im Kino. Sie sind längst bei Hollywoodstudios im Einsatz, um (menschenverfasste) Drehbücher zu testen. Andere Programme wollen prognostizieren, ob ein Buch zum Bestseller taugt.

Es ist die alte Frage: Wann wird die Maschine den Menschen ersetzen? Auf welchen Feldern? Und: Was bleibt dem Menschen noch? Die Antwort von Mihály Csíkszentmihályi ist eindeutig. Der Psychologe ist einer der wichtigsten Theoretiker zum Thema Kreativität. Er glaubt, dass Kreativität immer Menschen von Computern unterscheiden werde, denn nur Menschen hätten die Fähigkeit, erst einmal die Motivation zu einer kreativen Lösung zu entwickeln. Und zwar, weil sie sich vor ein Problem gestellt sehen. »Mit dem Status quo unzufrieden zu sein – das lässt sich am Rechner schwer simulieren«, urteilt Csíkszentmihályi.

Ein Computer, der kreativ sein wollte, müsste zudem nicht nur gute Einfälle haben – er müsste auch so selbstkritisch sein, diese wieder zu verwerfen. Anna Jordanous, die im Bereich Computational Creativity der englischen Universität Kent forscht, arbeitet an einer Kompositionssoftware, die beim Jazz improvisieren kann wie menschliche Mitspieler. Doch bei ersten Versuchen stellte sich heraus, dass es eben gerade mit der Interaktion hapert. Jordanous' Arbeit geht weiter.

Der perfekte Kreativroboter müsste allerdings nicht nur alle guten Ideen der jeweiligen Sparte aus der Vergangenheit präsent haben, er müsste diese dann auch in ihre Erfolg bringenden Elemente zerlegen und daraus etwas Neues errechnen – aber kann das etwas wirklich Neues sein? Andreas Butz, der auf dem Lehrstuhl für Mensch-Maschine-Interaktion der Ludwig-Maximilians-Universität München sitzt, glaubt daran nicht. »Letzten Endes stammt die kreative Leistung vom Menschen«, argumentiert er. Rechner könnten Kreativität nur simulieren.

Bei allen Fortschritten, die die Künstliche Intelligenz noch macht – die Kreativität ist zweifellos das, womit sie sich am schwersten tut. Schon um bei intelligenten Robotern auf anderen Feldern weiterzukommen, braucht es viel Schöpferkraft – nämlicher seitens der Entwickler und Programmierer. Dass die Maschinen irgendwann ihre eigene Entwicklung übernehmen – das ist noch lange Science Fiction.

Damit kann man auf die Frage, wie der Mensch auf Automatisierung, Digitalisierung, globale Jobkonkurrenz reagieren soll, eine klare Antwort geben: Werde kreativ! Beherrsche die Entwicklung, statt ihr Opfer zu werden.

Längst schon lähmt nämlich die Angst vor der nächsten Welle der Automatisierung. Der Spiegel titelte Ende 2016 mit einer kräftigen Roboterhand, die ein kleines Menschlein von seinem Arbeitsplatz wegreißt. »Sie sind entlassen«, lautete die Zeile. Tatsächlich sollen laut einer vielzitierten knappen Studie der Universität Oxford in den USA von 2013 bis 2030 fast die Hälfte der Jobs durch die technische Entwicklung wegfallen. Wenn man die Methodik auf Deutschland überträgt, wären es demnach 42 Prozent. Die Berechnungen sind allerdings umstritten. Nur etwas weniger dramatisch sind die Zahlen der OECD von 2018. Die Hälfte aller Arbeitsplätze in den Industrieländern werde sich dramatisch wandeln, so die Prognose der Vereinigung der großen Industrienationen. Man solle auf solche Aufgaben blicken, die nicht automatisierbar seien: die zu kompliziert sind, Kreativität erfordern, auf soziale Bindungen angewiesen sind oder unstrukturierte manuelle Tätigkeiten beinhalten.

»Mit der zunehmenden Digitalisierung, Vernetzung und Automatisierung unserer Welt rückt die Frage in den Mittelpunkt, was uns Menschen unersetzlich macht«, schrieb schon 2015 der Branchenverband Informationswirtschaft, Telekommunikation und neue Medien in einer Studie. Die Antwort der Autoren: Künstlerisches Denken und Talent seien – neben Empathie und sozialen Kompetenzen – die Alleinstellungsmerkmale des Menschen.

Die Wertschöpfung steigt mit der Schöpfungstiefe. Das ist eine Entwicklung, die wir bereits heute beobachten können. Repetitive Arbeiten, rein organisatorische Dienstleistungen, technische Wartung werden als Erstes von Maschinen übernommen. Und in den nächsten 20 Jahren kommen Stück für Stück die komplexeren, algorithmisierbaren Tätigkeiten dran. Aber wir sollten diese Entwicklung nicht als Bedrohung betrachten. Schließlich gibt sie uns die Möglichkeit, uns auf das zu konzentrieren, was wir am besten können: schöpferisch sein.

Das gilt übrigens nicht nur für unsere Kinder, sondern für alle unter uns, die in den nächsten 10 Jahren noch nicht in Rente gehen wollen bzw. können.

WARUM KREATIVITÄT DIE ANTWORT IST

Imagination und musisches freies Denken haben keine Lobby. Dabei sind sie es, die die Produkte und Dienstleistungen von Morgen hervorbringen.

x

Die Kreativen. Komische Käuze mit Luxusproblemen. Spätaufsteher, die leichtes Geld verdienen. Halbseidene Schönredner. Unzuverlässig, schnell beleidigt. »Sagt meiner Mama nicht, dass ich in der Werbung arbeite – sie glaubt, dass ich Bordellpianist bin«, schrieb schon vor Jahrzehnten der französische Ausnahmewerber Jacques Séguéla über eines seiner Bücher. Der Satz enthält die ganze Sehnsucht und Herablassung, das ganze Maß der Deformation, die traditionell im Selbst- und Fremdbild über die kreative Klasse herrschen: Die Freaks, die das üble Treiben schönfärben.

Schöpferische Tätigkeiten und Fähigkeiten haben es in unserer Gesellschaft bis heute schwer, ernst genommen zu werden. Obwohl die »kreative Klasse« in den Zentren der Großstädte und in Teilen des öffentlichen Diskurses seit den 1990er-Jahren zunehmend das Sagen übernommen hat, hat sich der Blick auf Leute, die schöpferisch arbeiten, nicht eben verbessert. Im Gegenteil: Der abfällige Blick auf Latte-macchiato-trinkende Kretins auf Berliner Terrassen, auf MacBook-Tagelöhner in Gründercafés und Businessplanphantasten in Coworking-Spaces hat sich zu einem eigenen Genre der Gesellschaftsberichterstattung entwickelt – die lustigerweise weitgehend selbst von Mitgliedern der kreativen Klasse hergestellt wird. Dem Kreativen haftet bis heute der Geschmack des Un-Ernsthaften an. Dazu kommt, dass beide Seiten die Trennlinie scharf ziehen zwischen denjenigen, die kreativ sind, und denen, die einer vermeintlich verantwortungsvollen, ernsthaften Aufgabe nachgehen. Allerdings gibt es diese scharfe Trennlinie in der positiven Praxis kaum mehr.

In der Bildungspolitik hat die Missachtung des Kreativen sicherlich die deutlich fataleren Folgen als in der Selbstironisierung der kreativen Klasse im urbanen Umfeld, die in Artikeln, Konversationen und Facebook-Posts zum Ausdruck kommt. Hessen und Niedersachsen beispielsweise haben die Zahl der Stunden für die musischen Fächer in der Oberstufe in den letzten Jahren zusammengestrichen, anstatt sie zu erweitern! Laut Zahlen, die das Institut für Demoskopie in Allensbach 2015 für den Rat für kulturelle Bildung erhoben hat, haben 17 Prozent der Neunt- und Zehntklässler keinen Kunst-, 22 Prozent keinen Musikunterricht. Dazu kommt noch ein Drittel, bei dem diese Fächer häufiger ausfallen. Neuere Zahlen, die die *Zeit* 2017 erhob, bestätigen, dass bei der Hälfte der Schüler über alle Klassen diese Fächer regelmäßig gestrichen werden – und wenn sie doch unterrichtet werden, dann sehr oft von unausgebildeten Lehrern.

In einer weiteren Allensbach-Umfrage für das Gremium äußerten sich 2017 Eltern, welche Aktivitäten ihrer Kinder sie als Vorbereitung auf das Berufsleben für wichtig halten: 26 Prozent votierten hier für kulturelle Aktivitäten, 42 Prozent für Naturwissenschaft und Technik (natürlich konnte auch beides ausgewählt werden). Bei Eltern mit einfachem Bildungshintergrund ist der Unterschied noch krasser. Das Bewusstsein dafür, dass Kreativität unsere Zukunft ist und nicht nur die sogenannten MINT-Fächer, also Mathematik, Informatik, Naturwissenschaft und Technik, fehlt aber selbst bei den besser Gebildeten. Bis heute hält sich quer durch die deutsche Gesellschaft die Gewissheit, dass alles, was nicht mit Zahlen, Fakten oder vorgezeichneten Wegen zu tun hat, allenfalls eine Berechtigung als hübsches Beiwerk haben darf – obwohl unsere gesellschaftliche und ökonomische Wirklichkeit längst anders aussieht.

X

»SEI ETWAS BESONDERES, MACH ETWAS BESONDERES«

In Singapur hingegen, das sich einst über lange Jahre seinen Ruf als Disziplin- und Konformitätsstaat redlich verdient hat, schaut es mittlerweile ganz anders aus. Kreativität wird vom Staat auf allen Ebenen gefördert: Das Land hat im ehemaligen obersten Gerichtshof im Zentrum der Stadt eine riesige, hervorragend kuratierte Nationalgalerie eingerichtet. Und über den Eingängen vieler Grundschulen hängt das Motto: »Sei etwas Besonderes, mach etwas Besonderes.« Der Unterricht hat sich radikal gewandelt, die Losungen lauten: Schluss mit dem Starren auf Abschlussnoten! Bringt Kreativität in die Schule! Macht mehr Exkursionen! Rückwärtsdenken als Strategie des Problemlösens! Unsere Schüler sollen unkonventionell handeln!

Das Ergebnis schon nach wenigen Jahren: Singapur liegt in den PISA-Rankings mittlerweile ganz vorne. Noch vor dem Musterschüler Finnland. Und die Wirtschaft boomt.

Warum haben Imagination, Fantasie, freies Denken in Deutschland keine große Lobby? Ein Teil davon hat mit tradierten Denkstrukturen zu tun. Die Ideale der Industrialisierung, das Arbeitsethos der Nachkriegszeit, das den Aufstieg des Mittelstands mit sich brachte, und der deutsche Ingenieurs-Präzisionsstolz, sind fest verankert. Obgleich gerade deutsche Ingenieure häufig hochkreative Erfinder und Problemlöser sind! Die postindustrielle Wirtschafts- und Arbeitswelt, so etabliert sie längst sein mag, hat anders als in Kalifornien ein vergleichbares Leitbild nie etabliert. Ihre Ikonographie erschöpft sich bis heute im Obstkorb auf dem Empfangstresen, dem Stapel mit den privaten Amazon-Sendungen der Mitarbeiter und dem berühmten Kicker im Konferenzraum.

Der Bewusstseinswandel zu einer höheren Akzeptanz des Kreativen muss damit beginnen, dass sich die kreative Klasse selbst ernst nimmt. Und sie muss den Wert des Kreativen für Wirtschaft und Gesellschaft klarer und aggressiver benennen.

Kreative Industrien werden die Produkte und Dienstleistungen von Morgen hervorbringen. Ob es allen gefällt oder nicht. Wir müssen mit der kreativen Transformation also sofort beginnen.

KREATIVE TRANSFORMATION

Als der Buchdruck die Aufklärung entfesselte, sorgte technische Innovation für geistige Befreiung. Aber aktuell reden die meisten nur von den Veränderungen in Technik (Digitalisierung) und Markt (Globalisierung), aber nicht über die nächste Stufe, die unmittelbar bevorsteht: die Kreativierung.

x

Auf halbem Wege zwischen der Rialto-Brücke und dem Markusplatz, dort, wo sich die große ewige Touristenschlange hindurchfrisst, steht am Campo Manin ein ziemlich überholt wirkender Sparkassenneubau aus den 1960er-Jahren. Natürlich nimmt niemand Notiz von der Tafel, die an dem Gebäude angebracht ist. Zu Unrecht, denn sie markiert immerhin den Ort einer kreativen Revolution. Hier stand die Werkstatt des großen Aldus Manutius. Der aus Bassiano stammende Drucker und Verleger war eine Art Steve Jobs der Renaissance. Er hatte den Buchdruck nicht erfunden – das war bekanntlich Johannes Gutenberg 1450 in Mainz gelungen. Aber Manutius hatte vierzig Jahre später einen großen Geschäftserfolg daraus gemacht und mit seinen neuen Produkten die Welt verändert. Er machte nämlich die Schriften lesbar, handlich, zugänglich und ließ sie in alle Welt verschiffen. Vor Manutius sahen auch die gedruckten Bücher oft noch aus wie die alten Handschriften, lesbar nur für Experten. Manutius führte Seitenzahlen ein und uns so selbstverständliche Interpunktionsmerkmale wie Punkte und Kommata. Und er ließ leichte, handliche, kleinformatige Bücher drucken.

Dutzende Druckereien breiten sich im späten 15. Jahrhundert hier zwischen diesen zentralen Gassen und Plätzen in Venedig aus, viele gegründet von Auswanderern aus dem Rheinland, wo die Erfindung herkam. Denn in Venedig gibt es genug Kapital für Risikogeschäfte und ein offenes geistiges Klima mit vergleichsweise milder Zensur. Es herrscht eine intellektuelle und geschäftliche Goldgräberstimmung. Auch auf diesen Feldern ist es eine Aufbruchsbewegung, wie sie 500 Jahre später im Silicon Valley ankommt. Bald entwickelt sich die Republik Venedig zu einem geistigen Zentrum der neuen Zeit. Sie zieht Kapazitäten wie Albrecht Dürer und Erasmus von Rotterdam an. Der Humanismus und die europäische Aufklärung stehen in ihren Startlöchern.

Es ist oft beschrieben worden, wie die Erfindung des Buchdrucks die große Befreiung der Köpfe (und später der Straßen, Kathedralen und Paläste) im 17. und 18. Jahrhundert einleitete. Der Systemtheoretiker Niklas Luhmann hat es so gefasst, dass die neue Erfindung und ihre Anwendung einen Überschuss von Sinn in den Gesellschaften produzieren. So war es bei Leuten wie Manutius, die die Ideen der Welt erstmals zwischen ihren Metropolen kursieren ließen. Dieser Überschuss von Sinn sorgt für Druck und Überforderung in den alten Strukturen. Sie leisten zwar Widerstand, aber später bersten sie unter dem Druck, falls sie sich nicht flexibel und integrativ zeigen. Die Lösungen und neuen Strukturen sind nämlich dann schon in den Entwicklungen selbst zu finden, also in dem, was sie durch die neue Technik an möglichen Lebens-, Arbeits-, Denkweisen etabliert haben.

Und es ist ja wieder ganz genauso gekommen. »Die Einführung der Sprache konstituierte die Stammesgesellschaft, die Einführung der Schrift die antike Hochkultur, die Einführung des Buchdrucks die moderne Gesellschaft und die Einführung des Computers die nächste Gesellschaft«, heißt es programmatisch in einem Buch des Soziologen und Luhmann-Schülers Dirk Baecker über »Studien zur nächsten Gesellschaft«.

Es ist die nächste Gesellschaft, die nach unserer Auffassung die Gesellschaft der Kreativierung sein wird. Und vielleicht war es nicht nur die Einführung des Computers, sondern die Einführung der vernetzten Computer. Jeden Tag, jede Nacht können wir jetzt jedenfalls untersuchen, wie flexibel und integrativ unsere Firmen-, Verwaltungs-, und Denkstrukturen gegenüber den neu etablierten Formen sind.

Bekanntlich liegen zwischen der Erfindung des Johannes von Gutenberg und der Blüte der Aufklärung fast 300 Jahre. Dass es dieses Mal viel schneller geht, spüren wir schon. Dazu kommt, dass die Analyse und Erklärung und Kritik und Empfindung der rasanten Entwicklung dank der neuen Erfindungen jetzt in Echtzeit stattfindet. Konferenzen, Twitter, Webforen. Die geistigen Zentren unserer Zeit sind meistens virtuell.

Nur den richtigen Begriff für das, was sich tut, haben wir noch nicht gefunden.

Wir bezeichnen die Vernetzung der Technik als Digitalisierung: Weil erst der Übergang von analoger zu digitaler Speichertechnik den schnellen Austausch von Daten möglich gemacht hat. Und wir bezeichnen die Vernetzung der Märkte und Unternehmen und Ressourcen als Globalisierung: Was viel harmloser klingt, als es ist. Weil wir ja nicht nur global abwickeln, was wir vorher lokal entwickelt haben, sondern weil die kulturellen Unterschiede nivelliert werden, weil Einkaufsstraßen und Musik-Playlists immer gleichförmiger werden. Und weil bei zu starker kultureller und politischer Abgeschlossenheit ganze Weltgegenden ins Abseits geraten, mit all den Folgen, die wir gerade sehen: Kriege, Wanderungsbewegungen, der Rückzug in Angst und Nationalismus. Negative Dialektik, sozusagen.

Wenn wir über die Folgen der Erfindung Johannes von Gutenbergs sprechen, sprechen wir nicht vom Zeitalter des Buchdrucks. Wir reden nicht über die Technik, sondern über die geistigen Folgen: Es ist das Zeitalter der Aufklärung.

Genauso sollten wir es auch halten, wenn wir über unsere Epoche reden. Was sind die geistigen Folgen der Digitalisierung und Globalisierung? Wenn wir es nicht vermasseln, stehen wir am Beginn des Zeitalters der Kreativierung!

Die technische und globale Vernetzung führen dazu, dass starre, unkreative Systeme überfordert sind. Größe, Tradition, Gewissheiten als Werte werden ersetzt durch Schnelligkeit, Erfindungsgabe, lebenslanges Lernen. Die Entwicklungen sorgen dafür, dass wir uns permanent anpassen, verändern und unsere Weltsicht verändern müssen. Sie fordern von uns, dass wir geistig flexibler, ideenreicher, userfreundlicher, empathischer und am Ende, wenn alles gut geht, nachhaltig menschenfreundlicher werden.

Wir nennen das Kreativierung. Wir wollen nicht die kreativierte Gesellschaft, sondern die sich kreativierende Gesellschaft. Und den sich durch seine individuelle Kreativität definierenden Menschen. Denn wie die Aufklärung ist die Kreativierung ein Prozess, der niemals endet. Eine sich kreativierende Gesellschaft ist eine Gesellschaft, die ihre Lehren zieht. Eine sich kreativierende Gesellschaft ist auch eine Gesellschaft, die ihre Werte nicht verrät – die also die befreienden Momente der Kreativierung nutzt, in einer optimistischen, menschenfreundlichen Geisteshaltung. Und die sich dabei nicht zum Objekt der globalen Zwänge machen lässt.

Es ist wie damals in Venedig mit der Aufklärung: Die Kreativierung hat begonnen!

WAS BEDEUTET TOTAL CREATIVITY?

Es geht nicht um etwas Böses, es geht um etwas Spielerisches: Total Creativity ist aus dem Fußball geboren. Und geht jetzt alle an: den Unternehmer, den Tischler und den Altenpfleger.

X

Wollt Ihr die totale Kreativität? Wollt ihr sie, wenn nötig, totaler und radikaler, als wir sie uns heute überhaupt erst vorstellen können?

Auf keinen Fall wollen wir das!

Wenn wir unseren zentralen Begriff ins Deutsche übersetzen, dann bekommen wir selbst etwas Angst. Kreatives Denken, das wir meinen, ist schließlich das genaue Gegenteil jenes totalitären Denkens und Manipulationswillens, für den Joseph Goebbels' Sportpalast-Rede steht. Wir meinen stattdessen: Vielfalt, Veränderbarkeit, Streit, mehr statt weniger Freiheit. Wir wollen keine quietschbunte, nicht enden wollende Kirmes der Unernsthaftigkeit. Wir wollen keinen Kreativitätsterror. Und wir wollen auch keine Gefolgschaft oder bedingungslose Zustimmung, sondern wir wollen Widerspruch, Zweifel, einladen zum Weiterdenken. Wir wissen ja selbst nicht genau, welchen Weg die Kreativierung nimmt.

Aber warum sprechen wir dann von Total Creativity?

Die Antwort ist ganz einfach: Wir verstehen den Begriff mit einem gewissen Augenzwinkern, denn wir haben ihn aus dem Fußball entlehnt. »Total Football« oder, niederländisch, »voetbal totaal« ist ein feststehender Begriff für eine grundlegende Umwälzung von Spieltaktik, Mannschaftsgeist und Strategie: »Es war die letzte größere Revolution im Fußball«, sagt der Spielhistoriker und Buchautor Dietrich Schulze-Marmeling. »Was danach kam, waren Ergänzungen oder Erweiterungen.« Dabei ist diese Revolution schon 40 Jahre her. Sie wurde zuerst in den Niederlanden entwickelt und später in Spanien verfeinert. Ihren ersten Höhepunkt feierte sie bei der WM 1974. Schulze-Marmeling sagt, die neue Taktik sei eine Reaktion auf die massiven Abwehrreihen gewesen, die fast alle Mannschaften damals einsetzten. Es gab immer mehr Tempo und mehr Kraft in den Spielen. Aber gleichzeitig drohte die defensiv geprägte Taktik das Virtuose im Spiel kaputtzumachen. Rinus Michels, einer der ersten Protagonisten des »voetbal totaal«, setzte dagegen schnelle Positionswechsel, überraschende Wendungen und technische Brillanz. »Basis war absolute Beherrschung des Balls«, sagt Schulze-Marmeling.

So ähnlich stellen wir uns auch die kreative Gesellschaft vor! Was wir an Total Football vorbildlich finden: Es war eine kreative Reaktion auf eine starre, scheinbar ausweglose Situation. Perfektes Handwerk und kreative Züge ergänzten einander. Schließlich perfektionierten die Mannschaften das nahtlose Zusammenwirken brillant aufeinander eingespielter Teams mit großen Ausnahmetalenten. Jeder war motiviert, sich kreativ einzubringen: neben den Trainern auch die Spieler auf der Bank, die Mannschaftsärzte, der Teamkoch, sogar der Busfahrer.

Genau das meinen wir mit Total Creativity: Handwerk und erlernte Techniken sind nicht das Gegenteil von Kreativität, sondern die Voraussetzung dafür. Überraschende Wendungen aus dem Tagesgeschäft setzen Freiheit vom Denken und Mitbestimmung des Einzelnen voraus. Besonders brillante Talente brauchen besondere Freiheiten – wichtiger sind aber das Teamverständnis und eine gemeinsame Kultur. Und, ja, in einem modernen Unternehmen sollten Kreativität und Mannschaftsgeist eine Chance für alle Teammitglieder sein – auch die der Pförtnerin und des Assistenten.

Das ist die Philosophie und die Arbeitsweise, mit der wir mit unserer eigene Firmengruppe, die Hirschen Group, in den letzten 15 Jahren eine Vielzahl marktführender Unternehmen als Kunden gewonnen haben – und uns selber von 3 auf 25 dezentrale Tochterfirmen ausgebaut haben, mit einem Wachstum von 80 auf 800 Mitarbeiter, vielen neuen Disziplinen, Charakteren, Beratungsangeboten und Neuerfindungen unserer eigenen Organisation.

Und es ist die Philosophie, ob ausgesprochen oder unausgesprochen, von vielen anderen erfolgreichen Firmen, groß und klein.

X

DER MALER ALT UND SEINE EIGENE NEUERFINDUNG

»Maler Alt« in der Kleinstadt Rhens in der Nähe von Koblenz ist ein typischer kleinstädtischer Handwerksbetrieb. Er bietet Innenraumgestaltung und streicht die Fassade, verlegt Bodenbeläge und spannt Deckenverkleidungen. Er liefert einem im Ladengeschäft vor Ort oder im Onlineshop auch das Material, um all die Arbeiten selbst zu erledigen. Man könnte sagen, dass »Maler Alt« seinen Namen wirklich zu Recht trägt – denn der Betrieb wurde schon 1789 gegründet. Allerdings ist die Firma nach dem Zunamen des Betreibers, Maler- und Lackierermeister Sebastian Alt, benannt. Und Scherze mit Namen verbieten sich ja eigentlich. Zumal das, was Alt so treibt, in vielerlei Hinsicht ziemlich neu klingt. Der 34-Jährige unterhält nämlich nicht nur einen recht ordentlich digitalisierten Traditionsbetrieb, sondern, zusammen mit seiner Lebensgefährtin Mona Weber, auch noch ein Start-up mit zehn Mitarbeitern, das inzwischen schwarze Zahlen schreibt und Online-Farbberatung anbietet. »Ich habe natürlich die Chancen gesehen«, sagte Alt neulich der *Süddeutschen Zeitung*, »aber auch die ganzen Probleme im Detail.« Wenn er und Weber bei Programmierern oder Designern über Ideen diskutierten, sei er rasch nervös geworden. »Wenn vier Leute drei Stunden lang diskutieren, dann fängt mein Fuß an zu wackeln, weil am Ende sind ja immer noch keine Quadratmeter gemacht.« Handwerker wollen immer sofort ein Ergebnis sehen. Am Anfang war der Chef skeptisch, doch jetzt ist die Tochterfirma profitabel, schafft zusätzliche Arbeitsplätze – und sichert den Stammbetrieb, denn »Kolorat« führt der Malerwerkstatt Kunden zu. Und den Beschäftigten verschafft die Konstellation auch die Gewissheit, nicht nur in einem Betrieb mit langer Geschichte zu arbeiten, sondern auch in einem Zukunftsunternehmen.

Das bedeutet Total Creativity also auch: Jeder Handwerker im Land muss sich kreativieren. Jeder Tankwart, Kioskbesitzer, Bäcker und Eisverkäufer. Denn was Siemens und Daimler passiert ist, dass sich ihr Konkurrenzumfeld wandelt und unübersichtlich wird, dass sie ihre nunmehr unberechenbareren Kunden tiefer verstehen müssen als früher und Lösungen bieten statt Produkte – das gilt für die Kleinunternehmer ganz genauso. Ein kreativer Klempner wird besser verdienen als ein ausgebildeter Gas- und Wasserinstallateur, der die branchenüblichen Dienstleistungen ordentlich ausführt. Jeder muss seine Alleinstellung kennen, neue Angebote machen, flexibler mit Preisen und Geschäftsmodellen agieren. Ein Blumenladen könnte »flowers as a service« bieten – eine Flatrate für nie vergehenden Blumenschmuck. Ein Tischler könnte sich auf Individuallösungen für großstädtische Eigenheimkäufer spezialisieren – muss dazu aber deren Bedürfnisse genau kennen. Und wie Kioske überleben können, dafür gibt es auf der ganzen Welt Inspiration.

Mit Total Creativity meinen wir, dass Kreativität zur Basisfähigkeit und -fertigkeit unseres Arbeitslebens wird. Kreativität ist überall, nicht mehr Angelegenheit einer herausgehobenen oder sich herausgehoben fühlenden kreativen Klasse. Der Kreative schlägt den weniger Kreativen. Deshalb raten wir zur kreativen Transformation auf allen Ebenen der Gesellschaft. Gerade da, wo handwerklich gearbeitet wird, wo zu wenig Geld verdient wird oder wo es noch zu wenig Arbeit gibt, kann sie helfen. Die Kreativierung wird total sein, das heißt, sie erfasst alle Bereiche. Aber sie sieht überall unterschiedlich aus.

DIE KREATIVITÄT, DIE WIR MEINEN

Wir kämpfen für geistige Beweglichkeit auf allen Ebenen der Gesellschaft – und gegen die Herrschaft von Vergangenheitsverwaltern.

X

Es war eine schöne, romantische Idee: Das kreative Individuum, das der schnöden Zweckrationalität allein und autonom seine eigene ästhetische Idee entgegensetzt. Denn so hat sich das deutsche Künstlerideal von der Romantik bis hin zu Punk und Popliteratur entwickelt: der Künstler gegen die Welt. Das Schöne gegen das Zweckhafte.

Der Soziologe Andreas Reckwitz, der über die »Erfindung der Kreativität« geschrieben hat, beschreibt es so: »Ende des 18. Jahrhunderts, in der Zeit der Sturm- und Drang-Bewegung und in der Romantik, entwickelte sich das moderne Modell des Künstlers als Gegenmodell zum Bürgertum.« Er erklärt weiter: »Die Idee des Schöpferischen sowie der Geniemythos des Künstlers wurden hochgelobt, standen für Selbstverwirklichung und eine nicht entfremdete Existenz.« Zuerst sei das ein Minderheitenideal gewesen – und habe dann, dominanter und dominanter werdend, die Moderne begleitet.

Die Kreativen, das sind hierzulande seit jeher vermeintlich diejenigen, die der grauen Welt aus Zahlen, Statik, Beton und Viererabwehrkette eine schöne, bunte Hülle und ein paar schön herausgespielte Kontertore mitgeben. Denn so blieb es, als die Figur des Kreativen das reine Künstlertum längst hinter sich gelassen hatte und zum Designer, Texter, Architekten, Graphiker, Webdesigner, Flügelstürmer oder Programmierer wurde. Der Aufstieg der kreativen Klasse begann, das Kreative hat eine wirtschaftliche Dimension erhalten – aber trotz aller Brüche und Wandlungen verorten wir das Kreative weiter im Ästhetischen: Die Kreativen sind für die Verschönerung der Welt zuständig. Design begreifen wir nicht wie die Angelsachsen als ganzheitliche Gestaltung. Design wird im Deutschen vielmehr als die Erschaffung der äußeren Form verstanden. Um die Funktion kümmern sich die ernsthaften Gewerke, dann kommen die Formgestalter, wie die deutsche Version der Berufsbezeichnung bezeichnenderweise lautet.

Unser Missverständnis über das Kreative ist inzwischen ziemlich schädlich geworden. Obwohl sich auch hierzulande Alltag und Einsatzfelder von kreativem Handeln völlig verändert haben, stecken wir in unserem Kreativbegriff aus der Romantik fest: Kreativ ist das Ornament.

X

KREATIVITÄT BEDEUTET WEITAUS MEHR ALS BUNTE GESTALTUNG

Wir aber meinen gerade nicht die bunten Designerkrawatten und die süßlich improvisierten Klänge vom Bordellpianisten. Wir meinen vielmehr, dass Kreativität alle angeht. Denn die Veränderungen in Wirtschaft und Gesellschaft, die wir in den letzten zwei Jahrzehnten erlebt haben, bedeuten, dass nun alles vom Ideenhaben abhängt. Kreativ heißt eben längst nicht mehr nur, dem eine schöne Form zu geben, was Techniker oder Technokraten gebaut haben. Ein Produkt, eine Geschäftsidee, ein gesellschaftlich-politischer Lösungsansatz, die Prozesse in Unternehmen und beim Umbau von Organisationen müssen heute selbst kreativ sein, um Erfolg zu haben. Ein Altenpfleger muss empathisch und kreativ sein, um seine Schützlinge glücklich zu machen und gesund zu halten. Ein

Kellner auch, wenn er in einem besseren Restaurant mit besserem Gehalt arbeiten und dort mehr Trinkgeld bekommen will ...

Kurzum: In Wirtschaft und Gesellschaft müssen alle kreativ sein. Sie müssen sich bewusst ihre Nische suchen, ihr Produkt definieren, ihre Persönlichkeit aktiv entwickeln. Situativ reagieren und agieren. Etwas bewegen, indem sie unerwartete Momente erzeugen. Und sie müssen kommunikativ handeln, was das Wichtigste in einer Wirtschaft ist, die vom kreativen Dispositiv bestimmt ist. Die Bedeutung, die digitale Kommunikationsnetze und künstliche Intelligenz gewonnen haben, verlangt heutzutage von jedem, sich mit Kreativität zu beschäftigen. Und in Zukunft gilt das umso mehr.

Unser Begriff von Kreativität bedeutet deshalb geistige Beweglichkeit. Er bedeutet stetigen Austausch, kontinuierliches Suchen nach Lösungen, kollektives Lernen. Was wir brauchen, ist eine Verbreiterung des kreativen Denkens überall in der Gesellschaft. Und wenn wir das wollen, müssen wir uns von der Vorstellung verabschieden, dass ein paar einzelne Genies schon für die besonderen Augenblicke sorgen. Und damit unsere alten Künstler-Idealen überwinden – auch wenn sie so schön romantisch sind.

DIE 11 BAUSTEINE DER KREATI-VIERUNG

1. WIE KREATIVITÄT MÜDE FIRMEN MUNTER MACHT

WIE KREATIVITÄT MÜDE FIRMEN MUNTER MACHT

Das neue Hauptquartier des Sportartikelkonzerns adidas an seinem Stammsitz in Herzogenaurach sieht fast aus, als käme es aus einem anderen Universum. Wie ein Raumschiff, auf dürren Stelzen ins Gras gestellt. Es wirkt, als wäre das filigrane weiße Netz, das es zusammenhält, aus gerade so viel Material gefertigt, dass es die nötige Spannung nicht verliert. So wollen sie sein. So wollen sie ihre Sneakers fertigen. An diesem Ort wandeln weitsichtige Menschen das Utopische in Realität.

Überall in Deutschland haben sich Unternehmen in den letzten, guten Jahren neue Firmenzentralen und Produktionsstätten gebaut. Oft ist das Ziel das gleiche wie hier: Zu dokumentieren, dass man in der neuen Zeit angekommen ist. Aber allzu oft birgt die neue Hülle eben nur den alten Inhalt. Bei adidas ist das anders. Der Konzern hat schon in den vergangenen Jahren eine Reihe von neuen ambitionierten Gebäuden im fränkischen Firmencampus auf dem Gelände eines ehemaligen US-Truppenstützpunktes und anderswo in der Welt eröffnet. Und im Fall der Turnschuhfirma funktioniert die Symbolik: Vieles bei dem Dax-Konzern ist tatsächlich wie das neue Haus: durchlässig, ballastfrei, kosmopolitisch. adidas hat heute nur noch wenig mit dem zu tun, was adidas vor zehn oder vor zwanzig Jahren war.

Dabei war adidas eigentlich schon in seinen frühen Jahren ein Kreativunternehmen. Den berühmten Schraubstollenschuhen aus Herzogenaurach etwa wird bis heute der Hauptverdienst am mythischen Sieg der deutschen Fußballnationalmannschaft auf dem regendurchweichten Rasen von Bern bei der WM 1954 zugesprochen. Mit neuen Ideen die besten Sportgeräte für Leistungssportler zu entwickeln war der Antrieb, der Fokus und das Kapital von adidas. Ein Mythos, aufgebaut auf Kreativität.

Später aber wurde das Unternehmen mehr und mehr zu einem traditionsverliebten Familienkonzern, der von guten Beziehungen zu Sportverbänden lebte. Und diese Beziehungen gründeten auch auf intransparenten Geldflüssen. Ende der 1980er-Jahre mit dem Rückzug der Gründerfamilie wurde das Unternehmen eine Zeit lang Spielball von Investoren. adidas produzierte Mäntel und Hüte für Fußball-Trainer, verramschte billige Sneakers in Wühlkörben von großen Kaufhäusern – mit Kreativität hatte das nichts mehr zu tun und mit Sport noch weniger. Auf das erfolgreiche Überholmanöver von Nike hin versuchte adidas, den Konkurrenten durch Kopieren wieder einzuholen, wofür eigens eine Riege von Nike-Managern abgeworben wurde. Die aber waren weder fokussiert auf den Mythos von adidas, noch kreativ. Im Gegenteil – adidas wurde ein Copycat und schmierte weiter ab.

x

DER TURNAROUND VON ADIDAS

Dass der Sportartikelkonzern nicht untergegangen ist, ist eine Folge von mutigen Entscheidungen nach dem Börsengang in 1995. Mutig, weil adidas in der Folge konsequent auf den Umsatz mit Billigprodukten verzichtete, sich wieder ernsthaft dem Sport zuwendete und die Transformation von nach Schweiß riechender fränkischer Sportkabinen-Marke zu einer Sport-und-Lifestyle-Brand konsequent verfolgte – hochwertige High-Tech-Spitzenprodukte für Leistungssportler und edle Retro-Sneaker für die Konzerttour von Madonna.

Also kreativer Fokus auf den Mythos und das Kapital der Marke, getragen von einer Organisation, die mit neuen Mitarbeitern aus nunmehr ganz unterschiedlichen Kulturen, Disziplinen und Welten technisch, modisch, kommunikativ und popkulturell experimentierfreudig wurde.

So bedeutet Digitalisierung für diese Firma nicht, dass man eine Lauf-App programmieren lässt wie viele andere Sportmarken, sondern dass man immer wieder die Strukturen des Stammgeschäfts mit Schuhen über den Haufen zu werfen bereit ist: adidas hat sich zum Beispiel mit einem Start-up verbandelt, das Schuhe aus 3-D-Druckern produziert, und zwar mit einer speziellen Technik, bei der die Sohlen besser, individueller und schneller sein sollen als bei herkömmlichen Schuhen. Die ersten Schuhe aus der Maschine sind schon auf dem Markt. Speedfactory heißt das Prinzip, in Ansbach sowie in Atlanta sind die ersten beiden großen Speedfactorys entstanden. Und der aktuelle Vorstandschef Kasper Rorsted will weitergehen. Er drängelt die Sportläden, dass sie auf ihren Verkaufsflächen schon mal Platz frei räumen sollen, damit bald in jedem Laden eine solche Minifabrik steht.

adidas hat zudem den Prozess des Herausbringens von neuen Produkten perfektioniert und schafft es auch in den Kategorien ohne 3-D-Drucker erstaunlich gut, mit den enormen Geschmacksexpulsionen seiner Klientel mitzuhalten. Der Erfolgsschuh Stan Smith ist ein gutes Beispiel, wie man es macht: Unablässig wühlen die Designer und Produktvermarkter im Firmenarchiv nach irgendwelchen historischen Versatzstücken, die sich neu zusammensetzen und als etwas komplett Neues, aber mit langer Historie verkaufen lassen.

Das funktioniert auch dadurch, dass man begann, die Erfindung von neuen Produkten nicht mehr als Prozess zu verstehen, der dem Vertrieb zuarbeitet, sondern als eine Art kulturelle Aufgabe. Als Michael Michalsky Chefdesigner von adidas wurde, blies er die Designabteilung auf 200 Leute auf und kapselte sie vom Rest der Organisation etwas ab. Später wurden die Designteams aufgewertet, die in Stilmetropolen wie Shanghai, Los Angeles oder Tokio unablässig den Vertretern der Zielgruppe hinterherstellen. Deren Wünsche werden dann mit ikonographischen Elementen aus dem Archiv munter geremixt. Damit das alles einen Sinn ergibt, kaufte adidas zum Beispiel Storytelling-Spezialisten vom Animationsstudio Pixar ein – der Einsicht folgend, dass alles, was sich heutzutage verkauft, eine Geschichte haben muss.

Um einerseits dem Trend zur Fragmentisierung von Zielgruppen und Individualisierung folgen zu können, andererseits die Kosten im Griff zu halten, entwickelte man bei adidas überdies eine Art Plattformstrategie wie in der Autoindustrie. Fast alle Schuhe werden aus den gleichen, immer wiederkehrenden Komponenten gefertigt, nur die von außen sichtbaren Elemente sorgen für die Illusion einer uferlosen Vielfalt.

Zu den Promo-Kooperationen mit Megastars wie früher Franz Beckenbauer oder Run DMC kamen in den letzten Jahren eigenständige Design-Kooperationen wie mit dem Multi-Künstler Kanye West, unter dessen Label »Jeezy« adidas heute weltweit Massenmode zu satten Fashion-Preisen verkauft – und sich ins Fäustchen lacht, dass sie den schwer zähmbaren Kreativen durch empathischeren Umgang als vorher Nike motiviert gehalten bekommen und so mit ihm eine begehrliche und längerfristig erfolgreiche Sub-Brand aufbauen konnten. Mit starken Hipness-Abstrahleffekten auf die Hauptmarke.

x

KREATIV IST, WER SICH WANDELT

Eine Firma, die sich ständig wandelt, ist eine kreative Firma. In diesem Sinne ist adidas das wohl am weitesten kreativierte Unternehmen des Dax. Denn wer in den Zeiten der Kreativierung überleben will, muss in der Lage sein, den Zweck seines Tuns unablässig neu zu fassen. Wer bin ich? Wer sind meine Konkurrenten? Was kann ich, was sie nicht können? So hat sich adidas von einem Ausrüster für Berufs- und Freizeitsportler zu einem kulturellen Unternehmen entwickelt. Zu einer Firma, die Sehnsüchte und Begehrlichkeiten in den fragmentierten, sportlich und kulturell extrem unterschiedlichen Gruppen ihrer Kundschaft identifiziert und darauf eine Antwort gibt.

In vielerlei Sinne hat Kreativierung für Unternehmen eine kulturelle Komponente. Kreativierung beginnt mit der Fähigkeit, kulturelle Trends und gesellschaftliche Veränderungen erspüren zu können. Und sie geht weiter mit dem Vermögen, auf diese Veränderungen autonome Antworten zu geben.

Der Prozess, bei dem Firmen diesen Zweck ihres Tuns aus dem Blick verlieren, vollzieht sich in der Regel schleichend. Gründer wissen in den meisten Fällen noch sehr genau, was sie wollen. Das war bei einem Tüftler in der deutschen Provinz vor 60 oder 150 Jahren nicht anders als bei einem Start-up in Berlin unserer Zeit. Doch so wie Firmen älter und größer werden, wird es schwieriger, den Überblick zu behalten. Deutschland ist eine reife Industrienation, die bis heute mehr an reife Unternehmen glaubt als an Newcomer, die jene vom Thron stoßen wollen.

Natürlich ist es kein Hexenwerk, im Rahmen eines Markenprozesses oder einer Unternehmensklausur den Kern der eigenen Tätigkeit zu definieren. Deshalb findet ebendas auch in vielen Organisationen hierzulande bereits mehr oder weniger mustergültig statt. Oft aber wird daraus eine bloße Status-quo-Definition ohne nachhaltige Folgen. Für radikale Schnitte geht es ja in den meisten Fällen noch zu gut: Auf Umsatz verzichten? Stammgeschäfte infrage stellen? Mühsam erkaufte Größe wieder aufgeben? Die Organisation alle fünf Jahre neu aufstellen, um neue Impulse zu säen? Das ist riskant, weil es nicht immer gut geht. Die Alternative, nämlich der Versuch, das Bestehende zu konservieren, geht allerdings im 21. Jahrhundert in der Mehrzahl der Fälle völlig schief.

X

VOLVO WAGT DAS UNERWARTETE

Was häufig hilft: das Unerwartete wagen. Wie es gehen kann, zeigt ein Kurzbesuch in Göteborg, dem Sitz des schwedischen Traditions-Autobauers Volvo. In der Zeit der Jahrtausendwende und in den folgenden Jahren stand Volvo im Mittelpunkt eines interessanten Experiments des US-Autobauers Ford. Ford wollte damals umsetzen, was zu dieser Zeit als Common Sense in der Automobilindustrie gab: An unterschiedliche Kunden unter unterschiedlichen Marken möglichst viele Fahrzeuge zu verkaufen, die gleiche Komponenten teilten. Das erschien logisch: Die Entwicklung von Technik und Produktionssystematik war in den Jahren zuvor immer teurer geworden, sodass sie sich nach der gängigen Lehre nur noch dann rechnete, wenn man sie auf möglichst viele Fahrzeuge verteilen konnte. Manager, wie Sergio Marchionne, der mittlerweile verstorbene Fiat-Chrysler-Chef, diskutierten damals, ob vier, fünf, sechs oder gar sieben Millionen verkaufte Autos im Jahr die Grenze darstellen, von der ab ein Autobauer den sicheren Untergang vermeiden konnte.

Ein zweiter Faktor für den Größenwahn war, dass die großen Hersteller alle Ressourcen in die Eroberung neuer Märkte steckten, vor allem China und Indien. Die Logik auch hier: Wer klein ist, geht unter. Schließlich wollte Ford als erster Hersteller den Erfolg von Edel-Autos skalieren, bei denen die Margen viel höher sind als bei Volksautomobilen. Also fand sich Volvo nach der Übernahme 1999 zusammen mit Jaguar, Land Rover, Aston Martin, Lincoln und Mercury in Ford's sogenannten Premier Automotive Group wieder. Das sollte das führende Luxusauto-Konglomerat der Welt werden: klare Markenprofile, kostengünstige Großserientechnik, die Rettung von Autotraditionen, die ohne diesen Verbund dem Tode geweiht schienen.

Die Sache ging krachend schief: Die Margen sanken, der Markenwert schrumpfte zusammen, weil nach Ansicht der Kunden die Autos schlechter wurden. Und die Hoffnungen bei den Absatzzahlen erfüllten sich auch nicht. Gleichzeitig stellten sich aber auch die erhofften Kosteneffekte nicht ein, im Verbund wurde die Entwicklung kostspieliger als zuvor allein. Nach der Finanzkrise hat Ford alle zugekauften Marken wieder abgestoßen.

In Göteborg haben sie die Zeit unter den Amerikanern als die schlimmste in der über 90-jährigen Geschichte ihres Automobilbaus in Erinnerung. Aber der Verkauf im Jahr 2010 versprach keine Verbesserung: Volvo ging an den chinesischen Autobauer Geely und fand damit einen selbst für chinesische Verhältnisse sowohl wirtschaftlich als auch technologisch schwachbrüstigen Käufer. Autoexperten waren sich weitgehend einig, dass es Volvo nicht mehr lange geben würde.

Doch es kam anders, der schwedischen Marke geht es heute besser denn je. Sie verdoppelte ihre Absatzzahlen gegenüber Ford-Zeiten nahezu, ist deutlich profitabler – und die neuen Fahrzeuge, die sie mit den Geldern der chinesischen Investoren in Rekordzeit entwickelt und auf den Markt gebracht haben, werden in der Fachwelt gelobt. Die neuen Eigentümer halten jetzt die Börsenplatzierung ihrer schwedischen Erwerbung offen.

Der Mann, dem das Wunder von Göteborg gelang, ist ein Veteran der Industrie: Håkan Samuelsson hat mehr als dreißig Jahre lang Lastwagenhersteller gemanagt, bevor er zu Volvo kam. Den Manager interessieren Strukturen, Produktionssysteme nicht Fugenbreiten, Designelemente oder großzylindrige Motoren wie viele andere Automanager. »Komplexität meistern«, nennt Samuelsson sein Prinzip. »Nicht managen«, sagt er. »Meistern!« Samuelsson spricht gut Deutsch, er war lange Chef des Münchner Lkw-Bauers MAN, bevor der damalige VW-Patriarch Ferdinand Piëch ihn herausdrängte, nachdem VW die Mehrheit bei MAN übernommen hatte. Samuelsson beschreibt das Risiko von Autokonglomeraten, die durch Größe die Welt erobern wollen, so: »Was man normalerweise unterschätzt, ist auf der Kostenseite Komplexität.« Komplexität heißt: Kosten. »Man macht noch ein Fahrzeug und noch einen Karosserietyp.« Das sorge für zusätzlichen Absatz, aber auch für teure Strukturen. »Dann ist es schnell passiert, und man lässt das Optimum an Profitabilität hinter sich.« Samuelssons Gegenrezept: Größennachteile durch Einfachheit ausgleichen: schnelle Abläufe, pragmatische technische Lösungen, simple Ideen. Vielleicht treibt Samuelssons persönliche Geschichte ihn an, eine Art industrielles Gegenmodell zum Weltmarktführer aus Wolfsburg zu entwerfen.

Jedenfalls ist es bislang geglückt. Das Rezept: Weniger ist mehr. Nur noch zwei Motorblöcke gibt es für alle Volvos und nur noch zwei Fahrzeugarchitekturen. Beides wurde in Rekordzeit und mit extrem begrenzten Mitteln entwickelt, denn die Chinesen gaben den Schweden nach der Übernahme kein Geld für Investitionen – Samuelsson durfte lediglich das ausgeben, was das laufende Geschäft einbrachte. Fokussierung und Beschränkung können oft kreativer sein als allzu üppige Möglichkeiten: Seit 2017 entwickelt Volvo keine Dieselmotoren mehr. Punkt. Und ab 2020 stellt Volvo komplett auf Elektromobilität um. So zeigt das Beispiel Volvo vor allem, dass vermeintliche Gewissheiten oft gar keine sind. Eine gute Prise entschlossener Eigensinn, wie er Hakan Samuelsson auszeichnet, ist oft die erste Voraussetzung für kreativen Erfolg.

x

MUT ZUM NEUEN AUCH BEI BMW, IBM, AXEL SPRINGER UND FUNKE

Die meisten Unternehmen in Deutschland begreifen Traditionen als Teil des Firmenwerts. Das geschieht sicherlich zu Recht. In einem Land mit vielen reifen Unternehmen kann die lange Geschichte einer Marke ein gutes Argument sein. Und das Beispiel von adidas zeigt besonders gut, wie eine Marke kreativ mit ihrer Tradition umgehen kann. Die adidas-Designer nutzen die Produktgeschichte der Marke nicht wie Historiker, die authentische Produkte wieder ans Tageslicht bringen wollen (das stand allenfalls am Anfang des Retro-Erfolgs bei adidas). Sie nutzen sie wie eine bunte Materialkiste, aus der sie sich freihändig bedienen und aus dem alten Mythos neue Ideen herstellen. Darauf kommt es an: unbekümmert und geistig variabel mit der Vergangenheit zu spielen, ohne sie dabei zu verleugnen.

Bei BMW hingegen waren sie zeitweise in Gefahr, an ihrer Tradition zu ersticken. Für Petrolheads war ein BMW ein heckgetriebenes Auto mit einem Reihensechszylinder im Bug. Da in einem Autokonzern selbst viele solcher Petrolheads arbeiten, hielten sie an diesem Dogma lange fest. Dabei feierte das Unternehmen schon früher viele Markterfolge, indem es vermeintliche traditionsgegebene Technik-Tabus überwand: Dieselmotoren in sportlichen Limousinen? Die Traditionalisten rümpften die Nase, der Konzern gewann dafür aber Nicht-Traditionalisten als Kunden. Als BMW als erster europäischer Luxusautobauer SUVs ins Programm nahm, schüttelte ebenfalls manch eingefleischter BMW-Traditionsfahrer den Kopf. Inzwischen verdient der Konzern mit den hochbauenden Fahrzeugen der X-Serie in den meisten Segmenten mehr Geld als mit seinem Traditionsprodukt, den sportlichen Limousinen. Mittlerweile gibt es bei BMW sogar frontgetriebene Dreizylinder-Autos – und sie verkaufen sich gut. Vom wirklich mutigen Schritt hin zu einer Serie batterieelektrischer Fahrzeugen war hier schon die Rede. In Umfragen haben die bayerischen Autobauer festgestellt, dass ein Großteil der Kunden, speziell in den Kernmärkten China und USA, überhaupt nicht weiß, wie viele Zylinder ihr Auto hat. Natürlich ist Tradition wichtig, aber nicht die Tradition der Traditionalisten.

Ein Unternehmen, das es so weit treibt mit der kreativen Neuerfindung wie IBM, wäre allerdings in Deutschland oder Europa kaum denkbar. IBM ist bekanntlich mit Büromaschinen groß geworden, das trägt die Firma schon im Namen (International Business Machines). Der Konzern hat sich immer wieder neu erfunden: Die Schreibmaschine durch den Schreibtischcomputer ersetzt, als sich das bisherige Geschäft nicht mehr lohnte. IBM hat nämlich den Computer groß gemacht, erst Großcomputer installiert und dann den PC zum Massenprodukt gemacht. Dennoch hat IBM das PC-Geschäft 2005, als sich die Margen marginalisierten, an die Chinesen von Lenovo abgestoßen. Im Zuge dieses erneuten Umbaus hat der Konzern schon wieder das ganze Geschäftsmodell umgekrempelt. Der Verkauf von Hardware spielt heute kaum noch eine Rolle, der Großteil der 80 Milliarden Umsatz stammt jetzt aus dem Beratungsgeschäft. IBM hat immer gerade noch rechtzeitig erkannt, wie sich die Kunden des Konzerns bei ihren Investitionen neu orientieren, und ist dem gnadenlos gefolgt – ohne jegliche Sentimentalität. Auch das bedeutet Kreativierung.

Einen viel kleineren, aber auch mutigen Schritt ist unser Kunde, der deutsche Medienkonzern Axel Springer, im Jahr 2013 gegangen. Er verkaufte einen Großteil seines Geschäfts mit deutschsprachigen Tageszeitungen und Zeitschriften an die gerade umbenannte Funke Mediengruppe aus Essen, vormalig WAZ-Gruppe, seither ebenfalls unser Kunde. Besonders aufsehenerregend war dieses Geschäft, weil Vorstandschef Mathias Döpfner mit Zustimmung der Haupteignerin Friede Springer eine Reihe Titel abstieß, die Friede Springers verstorbener Ehemann, der Verlagsgründer und Namensgeber Axel Springer, noch selbst entworfen hatte, wie das *Hamburger Abendblatt* oder die TV-Zeitschrift *Hörzu*. »Springer schneidet seine Wurzeln ab«, hieß es – auch intern. Gleichzeitig wurde über die Motive der Käufer gerätselt. Döpfner sei es gelungen, ein schwindendes Geschäft einer ohnehin schon leidenden Mediengruppe aufzubürden – das werde für die Essener der Sargnagel sein. So mutmaßten Medienexperten.

Tatsächlich wirkte das Geschäft als kreativierender Schritt in beide Häuser: Aufseiten Springers war es ein Signal, dass der Konzern das klassische Verlagsgeschäft neben den vielen neuen digitalen Angeboten nur noch als eine von vielen Einnahmequellen betrachtet. Und zwar betont unsentimental, ohne Traditionssehnsucht. In Essen wiederum war es die Chance, dem neu entstehenden Konglomerat den Ruch der Eindimensionalität zu nehmen. Die neue Zentralredaktion in Berlin, in der die Funke-Mediengruppe die überregionale Berichterstattung ihrer Blätter bündelte, sorgte – anders als befürchtet – nicht für Billigjournalismus, sondern für bessere Zeitungen. Wenngleich sie wahrscheinlich dabei auch Kosten spart ...

X

MUT MACHT MÜDE MUNTER

Was müde Firmen munter macht: mutige Entscheidungen. Ein lockerer Umgang mit Tradition und Erbe. Neufokussierung. Ein gesundes Grundmisstrauen gegenüber den jeweils aktuellen Industriedogmen, wie sie von Unternehmensberatern, Journalisten und Managern der Konkurrenz verbreitet werden. Die Bereitschaft, Beweglichkeit wichtiger zu nehmen als Größe. Vermeidbare Komplexität vermeiden. Unvermeidbare Komplexität meistern, indem man sie in dezentralen, selbstverantworteten Strukturen beherrschbar macht. Probleme und schwierige Marktumfelder auch nach innen nicht sprachlich verschwurbeln, sondern klar als Schwierigkeiten benennen, auf die man eine Antwort sucht. Nicht nur bei seinesgleichen nachfragen. Und schließlich: Fehler machen. Diese rasch korrigieren, wenn sie als Fehler erkennbar werden. Jeden Tag ein bisschen denken wie adidas, Volvo oder IBM kann nicht schaden.

Es gibt für Unternehmen kein Lehrbuch für den richtigen Weg. Aber es gibt die Möglichkeit, sich für die Umbrüche der derzeitigen Digitalisierung und der veränderten Verhaltensweisen der Kunden zu wappnen. Indem man sich selbst kreativiert!

2. WIE KREATIVITÄT DURCH KOLLABORATION ERST RICHTIG AUFBLÜHT

WIE KREATIVITÄT DURCH KOLLABORATION ERST RICHTIG AUFBLÜHT

Das Genie ist ein deutscher Liebling. Allerdings ist es etwas angestaubt. So sind wir in der Vorstellung verfangen, dass geniale Einfälle von genialen Einzelpersonen kommen. Und dass diese genialen Einzelpersonen Ausnahmecharaktere sein müssen, denen ihre Genialität schon in die Wiege gelegt wurde.

Nichts daran entspricht dem heutigen Wissensstand darüber, wie Ideen entstehen. Die besten Einfälle kommen nämlich von relativ ordinären Menschen, die sich aber exzeptionell viel Mühe geben. Und sehr viele der besten Einfälle erwischen nicht den einsamen Spitzendenker in seiner Kammer, sondern sie entstehen in Gruppen unterschiedlicher Menschen bei Diskussionen und gemeinsamer, kontroverser, anstrengender Arbeit an Lösungen für Bedürfnisse beziehungsweise Probleme.

Der Psychologe und Kreativitätsforscher Mihály Csíkzentmihályi hat zu dieser Frage schon vor geraumer Zeit eine Reihe von Untersuchungen angestellt. Unter anderem befragte er mehr als 90 vermeintliche Genies: Nobelpreisträger aus der Wissenschaft, Erfolgsschriftsteller, Spitzenmusiker. Er fand weder Spuren von faustischem Genie und Wahnsinn noch von überbordendem Esprit, exzentrischer Verstiegenheit oder romantischer Verträumtheit. Vielmehr waren die Befragten fantasiebegabte Charaktere mit Bodenhaftung und häufig sogar mit geordnetem Privatleben. Auch konstatierte der Forscher bei seiner Testgruppe weder besondere Brillanz im Gespräch noch übermäßig hohe Intelligenz – etwas IQ brauche es schon, zu viel davon aber könne auch schaden, so Csíkszentmihálys

Schluss. »Das vielleicht früheste Merkmal, das Kreativität begünstigt, ist die genetische Prädisposition für eine bestimmte Domäne«, stellte der Psychologe fest, also Interesse für eine spezifische Kunst- oder Wissenschaftsrichtung. Zudem waren die Probanden in der Lage, sich längere Zeit konzentriert einem Problem zu widmen und dann wieder in einen entspannten Geisteszustand der ausgelassensten Art überzugehen. Außerdem stellte der Forscher fest, helfe hauptsächlich eine Fähigkeit: Wenn man Informationen, die scheinbar weit auseinanderliegen, miteinander verknüpfen kann, um aus der Kombination neue Erkenntnisse zu gewinnen. Eine Art bisoziatives Denken. Das ist, wenn man so will, wirklich genial. Dafür aber kommt es vor allem auf aktives Eintauchen in andere Welten an und auf lebendige Kommunikation mit anderen Menschen. Nicht auf Arbeit im Elfenbeinturm. Und nicht auf Austausch nur mit seinesgleichen.

Wir aber sind weiterhin verliebt in den Mythos vom Einzelgenie. Die deutschen Romantiker haben diese Figur einst ersonnen. Sie war auch eine trotzige Antwort auf die Erfahrungen mit Veränderungen, die als ungesteuert erlebt wurden: Frühindustrialisierung, Aufklärung, Säkularisierung. Kurzum, eine Welle anonymer Zweckrationalität, die als bedrohlich empfunden wurde. Es muss ein ähnliches Kuddelmuddel in den Köpfen gewesen sein wie heutzutage, wo die Leute mit Digitalisierung, Globalisierung und Kreativierung klarkommen müssen. Der kreative Mensch wurde also von den Dichtern des Sturm und Drang und denen der Romantik als Schöpfer einer eigenen Welt gefeiert, als sein eigener Gott gewissermaßen, dem die Welt offen steht. Für die Romantik-Helden Novalis und Friedrich Schlegel war das Genie der »natürliche Zustand des Menschen«. Diesen müsse er nur wiedergewinnen: Das Individuum gegen die schnöde Welt.

Heute haben wir Steve Jobs, Elon Musk, Mark Zuckerberg, Jeff Bezos, Travis Kalanick: Wer verfolgt, wie die Gründerhelden unserer Zeit in journalistischen Lobgesängen und auf Industriekonferenzen gefeiert werden, muss konstatieren, dass der Geniekult in unserer Zeit, ganz im

Sinne der Romantiker, zurückgekehrt ist. Heute sind nicht mehr Künstler die gottgleichen Schöpfer, sondern Gründer. Unablässig werden uns – oft gegen alles faktische Wissen, das wir über die Entstehungsgeschichte von Firmen wie Apple oder Facebook haben – Unternehmensgründer als autonome Ausnahmefiguren mit Ausnahme-Ideen präsentiert, als Menschen, die diese Ideen allein gegen eine feindliche Welt durchsetzen. Das Gründen einer Firma, die Disruption von Geschäftsmodellen und das Aufbauen einer globalen Organisation werden in diesem Kontext – ähnlich wie in der Romantik das Künstlertum – zum natürlichen Zustand des Menschen verkitscht, zur Erlangung eigentlicher Freiheit.

Romantiker, die wir sind, verbergen wir nur allzu gern die schnöde, betriebliche Realität hinter den Mythen. Wir glauben den Gründerlegenden aufs Wort. Etwa, dass es bei einem Individualisierungs-Automatismus für digitale Werbung oder dem Hin- und Herschicken selbstorganisierter Autochauffeure durch die verstopften Metropolen darum gehe, »die Welt zu einem besseren Ort zu machen«. Und da wir schon dem Dogma des Storytelling erlegen sind, erzählen wir die Erfolgsgeschichten von ihrem Ende her als quasi natürlichen Lauf von Gründungsgeschichten. Dabei blenden wir die unzähligen Misserfolge und Missgeschicke aus. Auch das viele Pech und die erfolgreiche Gegenwehr der Mächte der alten Welt, die keine Lust haben, sich einfach so disrupten zu lassen. Das Genie ist für uns nur als Erfolgsfigur denkbar. Und wer Erfolg hat, muss ein Genie sein.

Beide Annahmen gehen fehl. Besser wäre es, wir würden uns lieber heute als morgen vom Geniekult verabschieden.

Wir brauchen nämlich keine genialen Einzelmenschen, sondern Strukturen, die relativ zuverlässig geniale Ideen hervorbringen. Das sind Strukturen, die es ordinären Menschen erlauben, über sich hinauszuwachsen. Nicht göttergleich, sondern in menschlichem Maß. Und es sind solche Strukturen, die die Erkenntnis nutzen, dass mehreren Menschen zusammen in der Regel mehr einfällt als genau so vielen Menschen, die in

Einzel-Denkzellen eingekastelt sind. Vorausgesetzt natürlich, die Kombination stimmt. Das heißt: Wir wollen die geniale Organisation.

X

GENIALE ORGANISATIONEN STATT EINSAME GENIES

Die geniale Organisation funktioniert kollaborativ, lässt aber dem Individuum seinen Raum. Die geniale Organisation beteiligt jeden, fördert gemeinsame Ergebnisse und hat wenige Chefs, die vor allem die Aufgaben der Team-Zusammenstellung und der Team-Ermächtigung zu erledigen haben – inspiratives Arbeiten beherrschen die Mitglieder selbst, wenn Umfeld und Arbeitsklima stimmen. Die geniale Organisation eint der Wille zur Brillanz und das technische Beherrschen ihrer Metiers gleichermaßen. Die geniale Organisation fetischisiert keine Prozesse. Sie improvisiert Lösungen.

Die größte Herausforderung dabei ist es, die richtige Balance zwischen kollektiver und individueller Kreativität zu finden. Das ist die eigentliche Kunst. Bei der man vom Fußball lernen kann – genauer gesagt von den Virtuosen des Total Football, angefangen bei den Niederländern Rinus Michels und Johan Cruyff bis hin zu Meistertrainern unserer Tage wie Pep Guardiola und Thomas Tuchel. »Beim niederländischen voetbal totaal hat Individualismus schon eine wichtige Rolle gespielt«, erklärt der Fußballhistoriker Dietrich Schulze-Marmeling. »Aber es war ein Konzept, das beides perfekt zusammengebracht hat, den Individualismus und das kollektive Denken im Team.«

Er erzählt, wie die niederländische Idee über einen beispiellosen Kulturtransfer ihren Weg nach Spanien gefunden hat, als die Ideengeber Michels und Cruyff zum FC Barcelona wechselten. Zuvor haben die Spanier mit absolutem körperlichem Einsatz gespielt, seien allerdings in der Regel ihrem Gegner physisch unterlegen gewesen, schon weil sie häufig kleiner waren als die Nordeuropäer. Cruyff habe dann das Prinzip durchgesetzt, den Ball auf dem Boden zu halten, und förderte »wendige Spieler, die schnell denken können«. So wurde der FC Barcelona wieder zur Fußballmacht und der spanische Fußball über Jahrzehnte überlegen.

Kreativer Mannschaftsfußball braucht laut Schulze-Marmeling einen inspirierenden Trainer. Spieler in diesem Konzept wie die Spanier Xavi und Iniesta, aber auch Philipp Lahm in Deutschland funktionierten als »verlängerte Arme ihres Trainers«. Wenn man Schulze-Marmeling glaubt, beschreibt der Aufstieg des Total Football die Entwicklung des Fußballs zur durchkreativierten Sportart. Ohne kreative Lösungen habe heute darin – anders als noch in den 1970er-Jahren – niemand mehr Erfolg. »Fußball hat heute einen enorm hohen Kreativitätsdruck«, sagt der Historiker. »Nehmen Sie nur das Beispiel der Laufleistungen im Spiel, die sich seit den 1960ern verdreifacht haben.« Das Ergebnis: »Das Spielfeld wird enger, man muss das Gefühl für kreative Lösungen entwickeln.« Dabei gibt es laut dem Fußballphilosophen ganz unterschiedliche Formen von Kreativität. Zeitschinden etwa, wie es der spätere Weltmeister Frankreich bei der WM 2018 angewandt habe, um im Halbfinale gegen Belgien zu bestehen: »Immer den Ball ins Aus zu spielen ist nicht schön, aber auch irgendwie kreativ«, sagt Schulze-Marmeling.

x

ORGANISATION DURCH IMPROVISATION

Christopher Dell hat mit Fußball nicht viel am Hut. Er sitzt in einem knittrigen Leinenanzug in einem Café am Berliner Savignyplatz und nimmt sich eine Stunde Zeit, bevor er zu seiner Vorlesung an der Universität der Künste hinüberrauscht. Der 53-Jährige ist Jazzmusiker, spielt Schlagzeug und Vibraphon. Er ist Organisationsforscher und lehrt Theorie der Stadtplanung. Beide Seiten seiner Tätigkeit gehören zusammen. Dells

Plädoyer: Die ganze Gesellschaft lässt sich nach dem Prinzip der Improvisation organisieren: »Die verwaltete Welt müsste sich dazu der Improvisation öffnen.« Dell entwickelt dann in zwei Viertelstunden eine Vision, nach der sich entweder unser Zusammenleben dadurch errettet, dass wir alle lernen zu improvisieren – oder wir fallen der Barbarei anheim. Der Mensch in unseren Zeiten habe keine Wahl mehr, sagt Dell. Er müsse damit klarkommen, dass das Leben grundsätzlich offen und die Zahl der Möglichkeiten unendlich ist – was Philosophen manchmal als Kontingenz bezeichnen. »Wir müssen lernen, konstruktiv mit Kontingenz umzugehen«, doziert der Musiker.

Improvisation, sagt er, ist das, was nach der Planung kommt. Was aber können wir von der Musik lernen? Improvisation im Jazz, sagt Dell, setze zwei Dinge voraus: Erstens die absolute technische Beherrschung des Instruments. Zweitens eine Rahmung – und somit eine Art Verständigung darüber, in welchen Variablen die Musiker improvisieren – und in welchen nicht. Das Besondere (und das Schwere) an der Improvisation ist demnach, dass die Musiker gleichzeitig hören und spielen müssen und dass die Wahrnehmung des Spiels der Mitmusiker und das dazu in Beziehung stehende eigene Spiel gleichzeitig stattfinden. »Ich spiele was, und während ich spiele, höre ich was kommt, wird verarbeitet, was war, und ich füge dem etwas hinzu«, erklärt Dell. »Wenn man die Relationalität wahrnimmt, kann das ein Jetzt größer machen.«

Und das lässt sich auch auf die Zusammenarbeit außerhalb der Musik übertragen. Wenn Musiker so zusammenwirken, warum sollten es kreative Organisationen nicht können? Die Bedingungen: perfekte Beherrschung der eigenen Technik. Eine Verständigung über die Rahmung. Wahrnehmung des Spiels der anderen. Wahrnehmung des eigenen Handelns. Alles in Echtzeit. So funktioniert kollektive Kreativität. Braucht das einen Dirigenten oder eine Nummer Eins? Nicht unbedingt, sagt der Idealist Dell. Was es brauche, sei eine andere Schulbildung, die von vornherein auf Improvisation als Prinzip setzt. Und Improvisation als Wissenschaft. Dann kommt der Groove bald fast von selbst.

Manchmal braucht Improvisation auch einen Impuls von außen. Brian Eno, der Musiker und Produzent, nutzt ein Kartenspiel, das er zusammen mit dem Künstler Peter Schmidt konzipiert hat. »Oblique strategies«, heißt das Set, und er bringt es immer dann ins Spiel, wenn Aufnahmen im Studio sich nicht recht weiterentwickeln wollen. Auf den Karten sind Anweisungen notiert – etwa »Work at different speed!« Manchmal muss der Gitarrist ans Schlagzeug oder andersherum. Berühmt geworden ist der Einsatz der Karten bei David Bowies in Berlin aufgenommenen Alben »Low«, »Heroes« und »Lodger«, aber auch beim 2008 erschienenen Coldplay-Album »Viva la vida«.

x

ROMANTIK, FUSSBALL, MUSIK & TEAMPLAY

Romantik, Fußball, Musik und das offene Leben sind gute Lehrmeister für die Kreativierung. Sie braucht geniale Organisationen – aber sie braucht nicht unbedingt Genies. Alle Gewerke zählen gleichviel, deshalb sollte auch der Rezeptionist heute kreativ sein (Grüße an Richard P. von der Hirschen Group!). Im Team müssen alle Mitglieder ihr jeweiliges Metier beherrschen. Aber wenn sie das tun, müssen sie das Wichtigste immer noch lernen: nämlich wie man improvisiert. Wie man gleichzeitig auf den eigenen Sound hört und auf den der anderen. Und einen gemeinsamen Rhythmus erzeugt. Wie man Impulse aufnimmt und sendet. Wie man die Offenheit der Welt im Hinterkopf behält. Und dann können große Individualisten auch große Mannschaftsspieler werden.

Kreativierung und Improvisation machen uns alle zu Genies. Die Offenheit spielend nutzen, die Gegensätze der heutigen Welt und der ganz unterschiedlichen Teammitglieder zu etwas Neuem zusammenbringen, das ist heute genial. Und gleichzeitig dürfen alle ganz normale Menschen bleiben. Das ist auf seine Art auch eine romantische Idee.

3. Wie Kreativität als Schulfach ganz Deutschland voranbringt

WIE KREATIVITÄT ALS SCHULFACH GANZ DEUTSCHLAND VORANBRINGT

Wer sich vom angejahrten Lokalbahnhof Sterkrade auf den kurzen Weg zur Gesamtschule Weierheide macht, passiert erst einmal den alten Förderturm der vor bald 15 Jahren stillgelegten Zeche. Was diese Markzeichen bedeuten, weiß man auch außerhalb von Rhein und Ruhr: Bevölkerungsschwund, Niedergang, Abbau. Dass hier in Oberhausen seit Jahren die am stärksten verschuldete Verwaltung Deutschlands haushalten muss, sieht man allerdings der Gesamtschule nicht an, die sich ein paar Straßen weiter über mehrere Gebäude verstreut. Diese stammen zwar großteils aus den 1970ern und sind in die Jahre gekommen – aber gut in Schuss. Auf den Schulhöfen sitzen ein paar Schülergruppen konzentriert um ihre Lehrer herum. Noch zwei Tage sind es bis zu den großen Ferien – es sieht beinahe wie ein Sommeridyll aus. Im Forum der Schule, früher hätte man Aula gesagt, hat sich der Kresch-Kurs des achten Jahrgangs versammelt und schreibt einen großen Bogen Papier voll.

Kresch-Kurs? Kresch ist hier ein Unterrichtsfach, die Kurzform für »Kreative Schule«. Die Gesamtschule Weierheide ist Deutschlands vermutlich erste Schule, die – zwar nur als Wahlpflichtfach, aber immerhin – schon anbietet, was es eigentlich ab sofort als Pflichtfach in allen Schulen geben sollte: Kreativ-Unterricht. Manchmal hören sie in Oberhausen noch Spott darüber: »Schon wieder eine Schule, die ihren Namen tanzen kann«, schrieb einer, als ein Magazin über die Kresch-Stunden berichtete. Und häufiger stößt Schulleiterin Doris Sawallich bei den Eltern auf Unverständnis mit dem

Konzept: Die finden, dass Kinder gute Noten in Englisch, Mathe und Deutsch haben müssen. Aber Kreativität? Wozu soll das gut sein?

Das ist das Problem, auf das wir dringend reagieren müssen: Kreativität hat es schon in der Schule schwer. Wie soll sie dann in der Gesellschaft durchkommen?

Für die Schülerinnen der achten Klasse bedeutet Kresch erst einmal, dass sie sich ihre Aufgaben selber stellen müssen. Und herausfinden, was Kreativsein überhaupt bedeutet. In der ersten Stunde zum Beispiel hatte jede und jeder passende Gegenstände mitgebracht: einer das Kuchenblech seiner Oma. Eine andere Links zu komischen Youtube-Videos. Und eine Dritte ihr Kostüm vom Karnevalstanz. Die weiteren Unterrichtsstunden beginnen in der Regel mit »Kresch-Tex«, alle Schüler tragen kurze selbstgeschriebene Texte vor. Loretta, 15, erzählt, wie sie einmal ihre Sitznachbarin fünf Minuten beobachtet und alle Eindrücke in Echtzeit aufgeschrieben hat. »Man kann mehr sagen, als man denkt«, hat sie festgestellt. Lorettas Eltern kommen aus Lettland. Kresch zählt zu ihren Lieblingsfächern. Die Mehrheit hier hat eine Einwanderungsgeschichte in der Familie: Mazedonien, Afghanistan, Serbien, Niederlande, Türkei. Kresch-Tex ist die Lockerungsübung. Später im Unterricht entwickelt die Gruppe ein gemeinsames Projekt – was oder wozu, ist völlig freigestellt. Hier in der Achten ist zum Beispiel »Luke und Tatiana« entstanden, eine Art »Romeo und Julia« zwischen Schulhofcliquen. Zu Schuljahresende kam das Stück vor der ganzen Schule auf die Bühne.

»Das Fach ist eigentlich eine Leerstelle, die die Schüler unter Anleitung füllen müssen«, sagt Schulleiterin Sawallich. Bringt das was? Und können heutige Schüler mit so viel Freiraum überhaupt umgehen? »Im Schulgesetz steht, dass wir verpflichtet sind, die Schüler individuell zu fördern«, sagt die Schulleiterin. Und ergänzt: »Aber dann gibt es die Lehrpläne.« Die genau das allzu oft verhindern. Der Erfolg scheint Sawallich recht zu geben: Kresch-Schüler seien oft motivierter und reflektierter als andere Schüler, berichten Lehrer. Die Gesamtschule Weierheide hat mehr Anmeldungen und führt laut Schulleitung deutlich mehr Kinder zum Abitur als vergleichbare Schulen vor Ort. Und was das Fach für Auswirkungen auf Artikulationsfähigkeiten und Auftrittslust der 15- bis 16-Jährigen hat, kann man im Forum der Gesamtschule jetzt selbst beobachten. Loredana, eine andere 15-Jährige, hat eine Zeit lang Mobbing erlebt. »Hier bin ich selbstbewusster geworden«, sagt sie. »Ich würde mir nichts mehr gefallen lassen.«

Kreativunterricht treibt die Angst aus. Und das könnte er auch im ganzen Land leisten.

Alle deutschen Zukunftsängste konzentrieren sich seit Langem in den Debatten über Schule und Bildung. Politiker, Unternehmenslenker und Lobbyisten warnen regelmäßig, dass wir den Anschluss verlieren, wenn wir Schülern nicht kräftiger Mathe und Naturwissenschaften eintrichtern. »Neben die klassischen Fächer müssen Fächer treten, die Schüler befähigen, in der künftigen Welt ein Auskommen zu haben«, verlangte etwa jüngst Franz Fehrenbach, der Aufsichtsratschef von Bosch. Damit meinte er natürlich nicht Kreativunterricht. »Neben einem Pflichtfach Informatik ab Klasse 5 sind auch die anderen Mint-Fächer entscheidend, ebenso wie Ökonomische Bildung.«

x

MINT IST GUT – ABER OHNE KRESCH IST ALLES NICHTS!

Das Kürzel Mint (Mathematik, Informatik, Naturwissenschaften und Technik) steht seit Jahren für eine Art neue deutsche Bildungsreligion. Zahllose Vereine und Stiftungen beklagen den Mangel an Mint-Absolventen und Mint-Kenntnissen. »Alarmierend« sei die Lage, warnt zum Beispiel die maßgeblich vom Steuerzahler finanzierte Deutsche Akademie für Technikwissenschaften. Und unzählige öffentliche Initiativen wirken mit viel Geld und Mühe dem vermeintlichen Mangel entgegen: »Komm, mach Mint«; »Experiminta«; »Minteresse fördern«; »Mintfit«.

Nichts ist daran grundsätzlich falsch, Schüler für Mathe oder Physik zu motivieren. Und coden ist definitiv eine Schlüsselqualifikation, die schon früh systematisch in der Schule vermittelt werden sollte. Das gilt erst recht, wenn bald wirklich unser Leben von Algorithmen beherrscht wird. So gesehen ist es nur gut, dass sich so viele Menschen mit so viel Geld um die mathematisch-naturwissenschaftliche Bildung bemühen.

Ein Problem wird die Mint-Euphorie allerdings durch den Alarmismus, den die Apologeten verbreiten. Und durch die falsche Fokussierung. Dazu gehört die Herablassung, die andere Fächer – Sprachen, Kunst, Musik – im Zuge der allgemeinen Konzentration auf das Ingenieurwissen erfahren. Denn der Mangel in Deutschland in Sachen Mint ist längst nicht so groß wie die Panik, die die Initiativen und Lobbyisten zu verbreiten versuchen: In keinem der wichtigen Industrieländer studiert ein so großer Anteil von Studenten die Mint-Fächer, führten im vergangenen Jahr die Bildungsforscher der OECD aus. Das Niveau der deutschen Schulbildung in dieser Hinsicht wurde in der Studie eigens hervorgehoben. Wenn man dagegen den Interessenvertretern und Bildungspolitikern zuhört, könnte man meinen, das Fehlen technischer Bildung sei das größte Problem der hiesigen Schullandschaft.

Ist es aber nicht. Das erste große Problem ist die katastrophal schlechte soziale Durchlässigkeit unserer Schulen, die dazu führt, dass zum Beispiel Einwandererkinder wie diese hier in Oberhausen viel zu oft um ihre Chancen gebracht werden. Das hat die OECD regelmäßig detailliert dokumentiert. Das zweite, größere Problem ist der Mangel an kreativer Bildung. Das belegt die OECD-Studie zwar (noch) nicht, denn kulturelle, kreative und künstlerische Bildung untersuchen die Pisa-Forscher bislang schlichtweg nicht. Was auch etwas über deren bisherigen Stellenwert aussagt. Aber weiterdenkende Bildungsforscher und -praktiker weisen seit Langem auf den Mangel hin. In einer der nächsten Pisa-Untersuchungen wird man dann sehen können, wie groß er wirklich ist. Die OECD-Forscher haben nämlich anders als manche Politiker längst erkannt, worum es in der Welt von morgen geht. »Wir werden vermehrt jene

Kompetenzen in den Blick nehmen, auf die es in Zukunft stark ankommt«, kündigte Andreas Schleicher als Chef des Pisa-Programms der OECD im vergangenen Jahr an. Und zählte auf: »Kreativität, Entrepreneurship und Offenheit für Neues«.

Es wäre somit auch für Deutschlands Position im internationalen Bildungs-Ranking besser, wenn sich Schulen und Bildungspolitiker endlich der Kreativität zuwenden, zumal die Konzentration auf die Mint-Fächer womöglich nur einem recht kurzfristigen Bedürfnis des Arbeitsmarkts folgt. Auf längere Sicht dürfte der Bedarf an Absolventen, die schöpferisch denken gelernt haben, schneller wachsen. Wer nur technisches Wissen anhäuft, ohne es kreativ anwenden zu können, dürfte hingegen weniger Chancen haben, wenn bald auch schlichtes Entwerfen und Optimieren von Robotern übernommen wird.

x

WIR TRAUEN DER FREIHEIT NICHT MEHR

Aber es gibt eine Entwicklung in der Bildung, die die kreative Gesellschaft, die wir brauchen, noch stärker hemmt: Wir trauen der Freiheit nicht mehr. Dabei müssten wir nicht nur etwas anderes lernen, sondern auch: anders lernen. Für Eltern und Schulpolitiker sind hingegen Leistungsvergleiche und -bewertungen, Autorität, starre Grenzen und Auslese in den vergangenen Jahren in der Bildung immer wichtiger geworden. Diese Forderungen spiegeln das Ausmaß der Verunsicherung, die besonders die Mittelschicht erfasst hat. Zum ersten Mal in der Nachkriegszeit hat viele Menschen laut Umfragen die Gewissheit verlassen, dass es ihren Kindern einmal besser gehen wird als ihnen selbst. In einer Zeit, in der es Deutschland wirtschaftlich so gut geht wie nie zuvor.

Gleichzeitig wächst der Glaube, dass man Schüler frühzeitig im Wettlauf um die besten Plätze positionieren müsse, damit sie den sozialen Status wahren. Man kann das auch an den zwei großen pädagogischen Bestsellern der letzten 15 Jahre ablesen: Ein ehemaliger Schulleiter eines Eliteinternats, Bernhard Bueb, verkündete unter allgemeinem Beifall: »Disziplin ist das Tor zum Glück.« Es brauche eine Rückkehr zu Autorität, Strafe, Grenzen. Der Psychiatrieprofessor Manfred Spitzer warnt seit geraumer Zeit auf allen Kanälen in vollem Ernst vor der »Digitalen Demenz«. Diese drohe, wenn Schüler mit Internet, vernetzten Geräten und Bildschirmspielen umgehen lernen.

Kulturpessimismus und Sehnsucht nach geordneten Zeiten sind in der Bildungsdebatte beherrschend geworden. Und das ist gefährlich. Fast verstummt sind hingegen die Verteidiger von freiem Lernen, selbstbestimmtem Lernen, schöpferischem Lernen. Und die Verteidiger des Umstands, dass soziales Lernen besser funktioniert als Stellungskampf. Dabei sind sich hierüber internationale Bildungsforscher weitgehend einig.

Wenn wir mehr Freiheit im Denken wünschen, ist jedoch mehr Freiheit beim Lernen entscheidend. Es ist paradox, dass starre Lehrpläne, Lernwissen und frontale Bildung Anhänger gewinnen, während sich die Welt in die entgegengesetzte Richtung bewegt. »Die Schule ist heute noch nach dem Modell der Industrialisierung aufgebaut: memorieren, repetieren und standardisieren«, beklagt etwa Nathalie von Siemens, die die stark im Bildungsbereich engagierte Siemens-Stiftung leitet. »Das entspricht nicht mehr unserer Wirklichkeit und muss sich ändern.« Sie ergänzt: »Die Schule der Zukunft sollte verstärkt Lösungsorientierung, Kreativität und soziale Kompetenzen fördern, damit wir die Möglichkeiten der Digitalisierung positiv gestalten können.«

Deutschland war seit der Aufklärung Heimstatt der Reformpädagogik: »Erziehung vom Kinde aus«. Doch in Zeiten, in denen derlei Konzepte nötiger sind denn je, haben wir uns weiter von den Gedanken etwa Pestalozzis oder Fröbels entfernt. Bildungsreform, der Begriff klingt nach schlechten Erfahrungen von vor 30 Jahren heute vielen wie eine Drohung im Ohr. Die preußischen Bildungsideale des 19. Jahrhunderts, die auch für viel Übles verantwortlich sind, haben es Eltern und Politikern hingegen angetan. Rational ist das nicht.

Wenn wir hier nicht bald für eine Kehrtwende sorgen, kann das fatal sein. Kreativunterricht für alle sollte ein Anfang sein. Ein Labor für die Freiheit, ein Fach, das Lernen lehrt und im Schöpfertum belohnt wird: das fehlt. Es würde die Schülergeneration mindestens in gleichem Maße für die Zukunft fit machen wie alle Mint-Förderprogramme.

»Das Fach wird mir im Leben helfen«, sagt Kybra aus der 10. Klasse in Oberhausen über ihre Erfahrungen mit dem Kreativunterricht. Auch sie ist selbstbewusster geworden, offener. Und sie ist es heute gewohnt, die Gruppe zu organisieren. Wenn sie sich bewirbt, dann fragen die Unternehmen eher nach diesen Fähigkeiten, meint sie, als danach, ob sie alle binomischen Formeln beherrscht. Improvisieren, gemeinsam verbessern, work in progress – was heute in Start-ups und dynamischen Unternehmen gepredigt wird, das lernen die Schüler hier bei Kresch. »Jede Woche etwas Halbfertiges zu zeigen kostet Überwindung«, berichtet Kybras Mitschülerin Maike. Aber das Ergebnis werde besser.

Kristin Peil ist Lehrerin an der Gesamtschule Weierheide. Sie hat Philosophie und Geschichte studiert und ist auch wegen des Kreativunterrichts zur »Ge-Wei« gekommen, wie sie die Schule nennen. Das wichtigste Moment für die pubertierenden Schüler, so die Lehrerin, sei die »Möglichkeit, sich zur Welt hin auszustrecken«. Eine Möglichkeit, die Schüler vor allem in den sozialen Medien suchen – und die im Kreativunterricht eingeübt wird. Sich ausstrecken – und sich auch wieder auf sich selbst zurückziehen können: ein schönes Lernziel. Und eine Schlüsselfähigkeit in digitalen Zeiten.

In einem Land, das sich mehr als andere dem Fetisch von Leistung und Selektion unterworfen hat, ist Jack Ma der bekannteste Selfmade-Gigant. Der chinesische Milliardär fing als Lehrer an und schuf mit Alibaba das Amazon Asiens. Mas bildungspolitische Überlegungen aber wirken nicht nur in seinem Heimatland als Provokation. Die Schule von heute bezeichnet er als Auslaufmodell. »Wenn wir weitermachen wie bisher, haben wir in 30 Jahren ein riesiges Problem«, warnt Ma. Unsere Vorstellung von Bildung sei in der Vergangenheit verhaftet. »Lehrer müssen aufhören, Wissen zu vermitteln«, verlangt der Unternehmer. »Wichtig sind in Zukunft Fächer wie Sport, Kunst, Musik.« Schule solle das vermitteln, was Kreativität fördert – weil Maschinen nicht kreativ sind. Dazu kommen soziales Handeln, freies Denken, gesellschaftliche Werte. »Wir müssen alles lernen, was der Computer nicht kann.«

Wer hätte gedacht, dass ein chinesischer Internet-Unternehmer den deutschen Bildungsministern voraus ist?

x

VIELFALT INS MANAGEMENT!

Aber wie soll man Schüler und Studenten für kreative Lerninhalte motivieren, solange Unternehmen hierzulande ihr Management hauptsächlich aus den Absolventen von Betriebswirtschaft und Jura rekrutieren? Nichts gegen derlei Kompetenzen – es gibt sehr kreative Juristen und BWLer. Doch Länder wie Großbritannien zeigen, dass mehr Vielfalt im Management auch für mehr Bewegung sorgt. In den Chefetagen der Banken und Unternehmensberatungen trifft man dort vielfach Historiker, Philosophen, Literaturexperten. Ein Beispiel ist Richard Meddings, lange Zeit Chef beim Finanzkonzern Standard Chartered und Aufsichtsrat der Deutschen Bank – er studierte Moderne Geschichte. Lastminute.com-Gründerin Martha Lane Fox ist ebenfalls Historikerin, so wie auch Anita Roddick, die verstorbene Body-Shop-Gründerin. In Deutschland plädiert einzig die Chefin des Maschinenbaukonzerns Trumpf, Nicola Leibinger-Kammüller regelmäßig für mehr Geisteswissenschaftler im Management. Leibinger hat in Germanistik promoviert, hätte den Aufstieg ins Management aber wohl nur schwer geschafft, wenn sie nicht die Tochter des Trumpf-Hauptaktionärs wäre. Sie ist ein

Beispiel dafür, dass wir mehr Möglichkeiten denken müssen. In den Firmen und in der Schule.

Wenn man sich dafür interessiert, was alles möglich ist, kommt man um die Evangelische Schule Berlin Zentrum kaum umhin. Die ESBZ ist bislang eine Ausnahmeschule. Es gibt keine Klassen im klassischen Sinn, keine Schulstunden, keine Zensuren bis zur 9. Klasse – und keine Lehrer, die Unterricht geben. Die Schüler lernen jahrgangsübergreifend und bekommen Lernziele, die sie im Laufe des Schuljahres frei erarbeiten sollen – am besten gemeinsam. Die Lehrer, die in »Lernbüros« verfügbar sind, bieten dabei Unterstützung. Die älteren Schüler sollen sich einmal pro Jahr einer »Herausforderung« stellen: Vier oder fünf Schüler mit nur 150 Euro pro Nase weitgehend auf sich allein gestellt drei Wochen unterwegs – fern von zu Hause. Manchmal geht es gehörig schief, aber auch das ist lehrreich. Das Wichtigste, was eine Schule Kindern beibringen könne, ist die Fähigkeit zur Selbstmotivation, so das Argument der Schulgründer. Die ESBZ hat zwar Erfolg – sie bringt deutlich mehr Schüler zum Abitur als andere Berliner Gemeinschaftsschulen. Aber dennoch scheint das Modell aus der Hauptstadt mehr eine Utopie zu sein als etwas, das morgen überall nachgeahmt wird. Weil wir uns Utopien in der Bildung leider seit Langem verboten haben.

Und das gilt nicht nur für die Schule, auch für die Hochschulen. Wenn man die Bildungsrevolution unter den Hochschulen besuchen möchte, muss man nach Paris fahren. Ganz oben am Périphérique verbirgt ein vorgehängtes Metallgitter vor einem Zweckbau die Zukunft des Lernens. Es ist die Informatik-Hochschule »42«, die hier sitzt. Verglichen mit dem, was hier passiert, erscheinen selbst die Lehrmethoden der ESBZ konservativ. »Sie können alles fotografieren, nur nicht die schlafenden Studenten«, sagt Gründungsrektor Nicolas Sadirac zur Begrüßung. Tatsächlich gibt es im Erdgeschoss ein Luftmatratzenlager. Einige Studenten arbeiten Tag und Nacht an ihren Projekten, sie wollen keine Zeit verlieren durch An- und Abfahrt. Andere können sich schlicht keine Herberge in Paris leisten. Auf einem Bildschirm zeigt Sadirac, wie lange die Studenten hier pro Woche an den Rechnern sitzen, die Durchschnitte pendeln zwischen 60 und 70 Stunden. Die einzigen Regeln, die es in dieser Schule gibt, stehen groß auf handgeschriebenen Zetteln an der Wand: »Kleidung ist in den Arbeitsräumen verpflichtend«. Und: »Tägliche Dusche ist angeraten«.

X

EINE UNI FÜR KIDS AUS DEN BANLIEUES – UND DIE WIRTSCHAFTSELITE STEHT SCHLANGE UM DIE ABSOLVENTEN

Es ist Nicolas Sadiracs eigene Geschichte, die ihn dazu gebracht hat, eine Hochschule zu gründen, die mit allem bricht, was wir traditionell über Bildung denken. Der Pariser hat in den 1980ern in Stanford in Physik promoviert. Aber als Physiker sein Geld zu verdienen hatte er keine Lust. Der heißeste Scheiß im Jahr 1988 waren nämlich – Computer. Sadirac, zwischenzeitlich nach Paris zurückgekehrt, wollte dabei sein, hatte aber keine Ahnung. Und die einzige Möglichkeit, hier damals Informatik zu studieren, war eine teure Privathochschule. Sadirac bot dieser einen Deal: Er gab hier Mathestunden – und durfte sich im Gegenzug in den Informatikunterricht setzen. Also begann Sadirac zu lehren, wie er es selbst gelernt hatte: Der Lehrer doziert, die Schüler lernen auswendig. Der Erfolg war niederschmetternd. Eines Tages musste er seine Schüler für ein Drittmittelprojekt einspannen: Eine Supermarktkette wollte einen Algorithmus entwickeln, um die Verweildauer der Kunden an der Kasse zu verkürzen. »Das wird nichts«, war sich Sadirac sicher.

Er irrte. Sadirac hielt seine Schützlinge für Mathe-Nieten. Aber sie fanden eine geniale Lösung. »Gib ihnen ein Projekt – dann verstehen sie«, lernte Sadirac. Er überprüfte diese Erkenntnis, indem er jeweils zwei Schülergruppen auf weitere mathematische Projekte losließ. Jeweils einer gab er vorher das theoretische Rüstzeug für die Beantwortung der Frage mit –

und der jeweils anderen nicht. Das verblüffende Ergebnis: »Studenten mit Unterricht sind schlechter als solche ohne«, stellte Sadirac fest. Das heißt natürlich nicht, dass Lernen an sich verkehrt ist. Es heißt, dass bisher verkehrt gelernt wird. Also reifte in Nicolas Sadirac der Gedanke, Lernen völlig anders zu organisieren, zumal inzwischen der Siegeszug von Computern und Internet die alte Art zu lernen delegitimiert hatte.

»Wir stellen das alte System in Frage«, sagt Sadirac. »Weil es nicht mehr funktioniert.« Der Abschluss von 42 ist nirgendwo amtlich anerkannt. Wer auf diese Hochschule will, braucht kein Abi, kein Geld, keine Vorkenntnisse. Die schaden sogar eher, meint Sadirac. Der Kandidat muss aber seine Motivation und sein Talent unter Beweis stellen, indem er sich online durch einen Aufgabenparcours klickt. 30000 Bewerber machen das jedes Jahr, 3000 werden zur vierwöchigen Vorauswahl eingeladen, und 1000 bekommen den begehrten Platz für die dreijährige Ausbildung.

Ein Teil der Studenten kommt nicht aus den reichen Vierteln von Paris, sondern aus den Banlieues. Es gibt Flüchtlingskinder, vormalige Langzeitarbeitslose, es gab sogar mal ein paar Jungs, die auf der Straße gelebt haben – und erstaunlich viele Kids von ganz normalen Eltern, Busfahrer, Erzieher und so weiter. Das liegt daran, dass es keine klassischen Eingangsvoraussetzungen gibt und dass auch akzentfreies Beherrschen von Oberklasse-Französisch im Gegensatz zu anderen Unis kein Kriterium ist. Motivation und Talent, das gibt es oft bei den Leuten vom Rand der Gesellschaft mehr als bei der Bourgeoisie. Das Einzige, was sie noch nicht geschafft haben, ist, den Frauenanteil nachhaltig zu steigern.

Trotz der ungewöhnlichen Mischung stehen die renommiertesten Unternehmen Frankreichs jedes Jahr Schlange um die Absolventen – von denen ein Drittel allerdings lieber ein Start-up aufmacht.

Die Ausbildung an der 42 verläuft natürlich anders, als wir uns ein Studium vorstellen. Es gibt keine Examina, kein Curriculum – und keine Lehrer. »Vermittlung von Wissen findet nicht statt«, erklärt Sadirac bündig.

Was um Himmels willen dann? Im Grunde besteht die Schule aus diesem Gebäude hier und einer Software. Während des Studiums arbeiten die Studenten sich durch jene Software, die wie ein Computerspiel aufgebaut ist. Es gibt verschiedene Level, die man erreichen muss, um eine Stufe weiterzukommen. Und es gibt verschiedene Zweige, auf denen man sich durch den Parcours bewegen kann – bevorzugterweise werden die Projekte gemeinsam und jahrgangsübergreifend bearbeitet. Personal gibt es zwar auch an der Schule, aber das kümmert sich hauptsächlich darum, dass es den Studenten an nichts Wesentlichem fehlt und dass alle zwischendurch Praktika in namhaften Firmen absolvieren können.

Kann man die Methode von 42 auf andere Fächer als Informatik übertragen? Sadirac ist sich nicht sicher, aber einen Versuch wäre es wert, meint er. Er glaubt, dass die Programmierkunst und die Art, wie man sie lernt, alle Merkmale zeitgemäßer Bildung in sich trägt. Und er hält es sogar für ein unglückseliges Missverständnis, dass man die Informatik den Mint-Fächern zugeschlagen hat. »Informatik ist ein künstlerisches Metier, das hat mit Mathematik nichts zu tun«, sagt Sadirac. Der Naturwissenschaftler studiere die Regeln der Natur. Die Informatik hingegen bestehe ausschließlich aus Konventionen, die jederzeit verändert werden können. In dieser Sichtweise enthält Programmieren die Quintessenz alles Schöpferischen.

x

UMDENKEN IN SACHEN BILDUNG: KREATIVITÄT AUF DEN LEHRPLAN!

Die Beispiele und ihr Erfolg zeigen, wie fundamental wir beim Thema Bildung umdenken müssen. Siehe auch die weiter vorne schon erwähnten Schulen in Singapur mit ihren neuen kreativen Mantras. Allerdings fällt es Singapur trotz aller Erfolge mit neuen Lernmethoden noch schwer, sich von alten Drills zu befreien: Auch wenn das Motto »Sei etwas Besonderes, mach etwas Besonderes« lautet, darf keiner wirklich aus dem Rahmen fallen. Begegnet ein Schüler einem Lehrer, verbeugt er sich leicht – selbst wenn er gerade im Schweinsgalopp zum Unterricht hetzt. Zum Schulbeginn stehen alle in Reih und Glied, die Hand am Herzen. Und vor jeder Stunde erhebt sich die gesamte Klasse und begrüßt den Lehrer artig im Chor. In Sachen PISA liegt Singapur jedenfalls vorne – in Sachen weltweit relevante Erfindungen noch nicht ...

Wir müssen stattdessen abgucken, ausprobieren, revolutionär denken, so wie Nicolas Sadirac in Paris. Es wird viel über den Lehrermangel in deutschen Bundesländern geklagt, doch er könnte auch eine Chance sein: Anstatt Billigkräfte in die Schulen zu holen, könnten wir Praktiker und Professionelle zeitweise in den Unterricht schicken, Leute, die das Leben in die Schule bringen. An Universitäten werden Abschlüsse und Zertifikate unwichtiger. Viele Ideen sind vielleicht nicht so schnell umsetzbar, aber was die Schule in Oberhausen gemacht hat, könnte überall passieren. Sie hat gezeigt: Wenn Kreativität Schulfach ist, wird alles kreativer – zuerst die Schule, dann die Welt.

Deshalb fordern wir: Geschätzte Kultusministerkonferenz, setzt ab sofort Kreativität auf den Lehrplan!

4. WIE WIR KREATIVITÄT INSPIRIEREN KÖNNEN

WIE WIR KREATIVITÄT INSPIRIEREN KÖNNEN

Was passiert im Kopf, wenn wir kreativ sind? Wie bildet sich der kreative Mensch? Was haben kreative Genies im Kopf, was andere nicht haben? Wie kann jeder Mensch kreativ werden? Wenn wir die Prozesse kennen, die in Hirn und Psyche ablaufen, während wir kreativ sind – wie können wir dann auch Techniken entwickeln, um diese Prozesse zu aktivieren? Schließlich die Frage aller Fragen: Wenn wir einzeln kreativ sein können, wie können wir gemeinsam dann noch bessere Ideen haben?

Diese Fragen (und die Antworten darauf) sind wesentlich, wenn wir eine kreative Gesellschaft werden wollen. Und ebenso, wenn wir uns als Individuen auf die Dinge vorbereiten wollen, die da kommen. Umso enttäuschender ist es zu erfahren, dass es auf die wenigsten dieser Fragen eindeutige Antworten gibt – jedenfalls solange wir uns auf dem Feld der seriösen Wissenschaft bewegen. Neurowissenschaftler schnippeln unablässig an Mäuse- und menschlichen Spenderhirnen herum, messen Tag und Nacht Zerebralströme noch in den kleinsten Windungen unserer Schädel nach. Psychologen untersuchen ohne Unterlass unser Verhalten als Individuen, als Gruppen, als Normalos, Bekloppte oder Geistesleuchten. Und doch sind generelle, weithin unbestrittene Aussagen zu den oben genannten Fragen in beiden Disziplinen rar.

Das liegt hauptsächlich daran, dass es unzählige Formen (und Definitionen) von Kreativität gibt. Man kann eine Form herauspicken, so wie es viele populäre Anleitungen tun. Dann aber produziert man eine eindimensionale Idee von Kreativität, obgleich sie doch ein vieldimensionales Phänomen ist. Und das ist deshalb so schädlich, weil es uns von dem Ziel (und dem Gedanken) abbringt, dass mehr oder weniger alle eine (kulturell nützliche) Kreativität entwickeln können. Denn, logischerweise: Der eine kann dies besser, der andere jenes. Das gilt auch in Sachen Ideen haben. Wenn wir willkürlich nun verschiedene Konzepte verschiedener Wissenschaftler (noch dazu unterschiedlicher Disziplinen) highlighten, führt das nur wieder zu dem falschen Bild, dass Ausnahmekreative und Überflieger die Welt voranbringen. Die Wahrheit ist: Es führen viele Wege zum Ziel. Oder, besser gefasst: Es führen viele Wege zu vielen Zielen.

x

FÜR WELCHEN GEDANKEN HAT SICH DEIN HIRN ENTSCHIEDEN?

Denn, soviel lässt sich doch einigermaßen gesichert sagen, unser Gehirn ist eine Kreativitätsmaschine. Es produziert – vor allem unbewusst, teilweise auch bewusst – pausenlos zu allen Situationen, Problemen, Fragen, die es erreichen, eine ungezählte Menge an Antizipationen, Annahmen, Prognosen, Bildern in allen Dimensionen, Verhaltenshypothesen, Lösungsmöglichkeiten. Und zwar nicht einen Gedanken pro Situation oder Problem, sondern Hunderttausende. Diese werden dann in kürzester Zeit abgecheckt und verglichen und durchlaufen einen abgestuften Prozess. Erfahrung, Bildung, vergleichbare und begrenzt vergleichbare Situationen, jede nur denkbare Information spielt eine Rolle. Wie wir uns schließlich entscheiden und verhalten, welchen Gedanken wir schließlich vorbringen: Das wird im Gehirn nach einem System ausgewählt, das zum Beispiel der Neurowissenschaftler Arne Dietrich, der an der American University of Beirut lehrt, als eine Art »Evolution der Ideen im Kopf« beschreibt – survival oft he fittest.

Vereinfacht gesagt, schickt das Hirn demnach alle seine Hypothesen in einen Wettbewerb miteinander und entwickelt sie weiter, indem es sie (mithilfe der im Kopf gespeicherten und der von außen einfließenden

Informationen) einem virtuellen Realitätscheck aussetzt – einzelne Annahmen werden verworfen, andere werden mithilfe von Elementen aus den konkurrierenden Annahmen so lange angereichert, bis sich eine als überlegen durchsetzt. Innerhalb von Sekundenbruchteilen entwickeln wir auf diese Weise in jeder Alltagssituation eine passende Reaktion – und erstaunlich oft auch in Ausnahmesituationen. Die Vermutung ist, dass in unserem Gehirn (jedenfalls mit gewisser Lebenserfahrung) eine große Zahl von Projektionen bereits vorgespeichert ist. Und es ist offenbar auch zu solchen Projektionen fähig, die gar nicht vollständig auf Erfahrungen oder irgendwie ihm zugänglichen Informationen beruhen. Demnach kann sich unser Gehirn also tatsächlich auf unbekanntes Terrain vortasten – eine Fähigkeit, die von keinem anderen Lebewesen bekannt ist. Das Gehirn ermisst unerforschtes Gelände. Ein Ziel wird gesetzt. Weitere Aktivitäten dienen der Eingrenzung des Lösungsraums. So läuft das.

Ein Großteil der beschriebenen Prozesse vollzieht sich natürlich unbewusst. Ein Problem dabei ist, dass wir uns bewusst nur an das Gelungene erinnern. »Selective Recall« nennt Dietrich das. Dabei vergessen wir, dass wir ständig Millionen falsche Ideen haben. Und dass wir sie haben (und verwerfen) müssen, um eine richtige zu haben. Unbewusst scheint es zudem tatsächlich besser zu funktionieren als bewusst, parallel auch über alternative Ideen nachzudenken. »Die Rolle der falschen Ideen, der Irrwege, des Scheiterns im kreativen Prozess bleibt (auch uns selbst) verborgen«, fasst Hirnforscher Dietrich die ganze Tragik zusammen.

Die Qualität eines Gedankens ist demnach immer ein direktes Produkt der Quantität der Gedanken. Es ist nicht das Ziel, genau einen genialen Gedanken zu entwickeln, sondern so viele ungeniale, halbgeniale, unsinnige Gedanken, dass am Ende auch ein guter Gedanke dabei ist. Und: Nur wer Fehler macht, hat gute Ideen. Wer zu viel Angst vor Fehlern hat, wird wahrscheinlich auch nicht so leicht die richtigen Einfälle haben. »Es ist für jeden offensichtlich, der sich die Mühe macht, hinzuschauen: Der Kreativitätsprozess ist eine Sache aufs Geratewohl, selbst für Genies, eine

Sache, in der die Erfolgschancen eines kreativen Menschen lebenslang gleichbleiben«, notiert der Neurowissenschaftler.

Wenn diese Theorie stimmt, ist sie jedenfalls die Bestätigung dafür, dass nicht nur jeder Mensch kreativ sein kann, sondern dass jeder Mensch kreativ ist, indem er ein Mensch ist. Es ginge dann nur noch um die Frage, ob man die Ideenprozesse besser ins Bewusstsein bringen kann. Und ob man mehr aus der Vielzahl von Gedanken und Projektionen machen kann.

x

KREATIVITÄT – WAS IST DAS EIGENTLICH?

Trotz solcher Ergebnisse und trotz (oder wegen) der enormen (und leider teilweise auch widersprüchlichen) Zahl von Erkenntnissen, die sowohl Neurowissenschaftler als auch Psychologen sammeln, halten wir jedoch gemeinhin fatalerweise an einer überkommenen Idee von Kreativität fest. Es gibt unzählige Bücher darüber, woher (angeblich) die Ideen kommen und wie wir sie herauslocken können. Es gibt alte, populäre Techniken, wie zum Beispiel das Brainstorming. Dieses wird bisweilen angezweifelt, ist aber auch vielfach erfolgreich. Doch es betrifft eben nur eine sehr limitierte Form von Ergebnisgewinnung.

Es gibt auch eine verbreitete Schmalspurdefinition von Kreativität, die zum Kern eines Tests geworden ist. Dieser Test wird gern in Bewerbungsverfahren verwendet und soll die Fähigkeit zum Kreativsein belegen. Gemäß dem ihm zugrundeliegenden Gedanken ist kreativ, wer divergent denken kann. Und ob jemand divergent denken kann, lässt sich feststellen, wenn man ihm Alltagsgegenstände (eine Büroklammer, einen Backstein) vorlegt und ihn auffordert, möglichst viele unkonventionelle Verwendungsmöglichkeiten zu nennen. Nun ist es (abhängig von der Situation) zweifellos kreativ, wenn man aus einer Büroklammer einen Kleiderhaken macht. Aber ist einer, dem das nicht einfällt, notwendigerweise unkreativ? Oder liegen seine kreativen Qualitäten vielleicht einfach nur auf einem anderen Feld?

Klar ist auch, dass die Erkenntnis, dass jeder Mensch kreativ ist, weil er ein Gehirn hat, natürlich nicht bedeutet, dass jeder Mensch in gleicher Weise kreativ ist. Es gibt größere und kleinere Leuchten, auch in Bezug auf die Kreativität. Aber das hängt eben stark vom Individuum ab, wie sehr es an und mit seiner Kreativität arbeitet. Und von dem Umfeld, das es dabei fördert oder dafür bestraft. Und nicht davon, mit welchem Gehirn es auf die Welt gekommen ist.

Erste Erkenntnis daraus: Man muss sein Gehirn eben auch benutzen. Um schon mal etwas vorauszuschicken: Der oben beschriebene Prozess funktioniert desto besser, je mehr unterschiedliche und regelmäßig neue Informationen wir in unser Gehirn lassen. Wie kreativ ich sein kann, entscheide ich also am Ende selbst.

Zweite Erkenntnis, auch nicht so überraschend: Es gibt für jeden Menschen und für jedes Problem die angemessene Form der Kreativität. Und es bringt überhaupt nichts, der falschen hinterherzulaufen (zum Beispiel, weil man einen Kreativitätsratgeber gelesen hat).

x

DAS PFERD IM MOTORRAUM

Dazu muss man natürlich auch ein wenig eingrenzen, um welche Kreativität es uns überhaupt geht. Die Wirtschaftszeitschrift *Capital* stellt jeden Monat ein historisches Patent vor, mit dem ein Erfinder die Welt revolutionieren wollte. Im Jahr 1918 zum Beispiel hatte der Berliner Hermann Stegmeyer eine Idee, wie man den Pferdeantrieb trotz des Vorpreschens der Autos retten könnte: Im Motorraum seines riesigen Gefährts war ein Gaul verborgen, der über ein Laufband trabte – und so indirekt für Vortrieb sorgte. Louis S. Burbank entwickelte schon 1900 ein

Fahrrad, dass durch Ruderbewegungen angetrieben wird. Solche Ideen sind zweifellos kreativ, aber sie waren offensichtlich nicht wirklich von Nutzen. In Wahrheit fordern wir ja nicht einfach nur Kreativität um ihrer selbst willen. Wir fordern eine Form der Kreativität, die neue Ideen von Bedeutung hervorbringt.

Der Hirnforscher Arne Dietrich hat unter dem Titel »How Creativity Happens in the Brain« ein langes, brillant geschriebenes Buch darüber vorgelegt, wie die Ideen im Kopf entstehen. Über ihn kann man sagen: Der Mann forscht nicht nur über Kreativität – er sprüht selbst vor Ideen. Wenn man ihn allerdings fragt, welche seiner Erkenntnisse aus der Kreativitätsforschung ihm bei der eigenen Arbeit nützlich sind, weist er die Frage brüsk zurück. »Meine eigene Kreativität hat damit nichts zu tun«, sagt er. Er wisse nicht, woher seine Ideen kommen. Dietrich kennt jede Hirnwindung. Aber genau deshalb hat er ein tiefes Misstrauen gegenüber Kreativitätstechniken oder Rezepturen entwickelt. Er weiß, wie das Hirn arbeitet. Aber er glaubt nicht, dass man diese komplexen Prozesse nach einer allgemeinen Technik stimulieren kann. »Das ist ein sehr individueller Prozess, ich kenne kein universelles Rezept um seine Kreativität zu verbessern«, sagt er. Und ergänzt:

»Natürlich muss es im Hirn Mechanismen geben, die Ideen erzeugen. Es kommt schließlich nicht aus Ihrem großen Zeh. In dem Sinne müssen wir in der Lage sein, unsere Kreativität zu trainieren. Das setzt aber voraus, dass wir die Mechanismen so gut kennen, dass wir sie verlässlich manipulieren können. An diesem Punkt sind wir noch nicht. Deshalb haben wir keine Idee, was man tun kann und an welcher Stelle man manipulieren kann, um verlässlich die Kreativität zu verbessern. Vielleicht kann man es am Ende trainieren, aber das wird erst in der Zukunft möglich sein.«

Die wesentliche Unterscheidung bei der Produktion von Ideen im Gehirn ist, dass es den bewusst ablaufenden Prozess und die unbewusst funktionierenden Denkoperationen gibt. Dietrich spricht vom impliziten und vom expliziten System. Mal dominiert das eine, mal dominiert das andere. Manch einer schwört darauf, wie er beim konzentrierten Nachdenken einen Gedanken entwickelt. Ein anderer setzt auf den Geistesblitz, der ihn beim Joggen oder Bügeln ereilt. Es kommt aus dem Nichts. Aber nicht wirklich, sondern unserem Bewusstsein ist nur nicht präsent, wie der Gedanke entstanden ist.

Natürlich laufen implizites und explizites System in der Regel parallel ab. Beide produzieren Ergebnisse nach dem oben beschriebenen Auswahlmechanismus. Wir setzen sie tendenziell für unterschiedliche Aufgaben ein. Mal dominiert das eine, mal das andere System. Dietrich erklärt diese Funktionsweise im Gespräch so:

»Ihr Hirn ist ein Vorhersageautomat, in dem Sinne, dass es konstant arbeitet, das Hirn ruht nie. Auch wenn Sie versuchen, nicht ständig bewusst an die Zukunft zu denken, greifen sie konstant in die Zukunft voraus, ob sie wollen oder nicht. Sie tun das bewusst und unbewusst. Wenn Sie zum Aufzug gehen und den Knopf drücken und der Aufzug kommt, aber er braucht vielleicht den Bruchteil einer Sekunde länger als sonst, dann sind Sie überrascht. Das heißt: Bei jeder Handlung haben wir eine Erwartung über die Ergebnisse. Wir sagen permanent die Zukunft voraus. Dieses Denken ist ein unbekannter Lösungsraum. Dieser Begriff beschreibt etwas, das noch nie existiert hat oder gedacht wurde. Es ist eine Vorhersage über mögliche Entwicklungen. Wenn Sie mit Ihrem Denkapparat einen unbekannten Lösungsraum betreten, dann sind Sie per definitionem kreativ. Sie schaffen eine Umgebung – Bedingungen, Situationen, Lösungen –, die noch nie existiert hat. Diese Fähigkeit, die Zukunft zu projizieren, ist die Basis, um in den Lösungsraum vorzudringen, den wir noch nicht kennen. Sie können das einerseits bewusst machen, indem Sie sich hinsetzen und sich Lösungen vorstellen. Aber das unbewusste Denkvermögen tut das ebenso, so wie in dem Beispiel mit dem Aufzug.«

X

MIHÁLY CSÍKSZENTMIHÁLY UND DAS BEWUSST UNBEWUSSTE

Es gibt Kreative, die setzen (und das ist so paradox, wie es klingt) bewusst auf unbewusste Ideenerzeugung. Eine große Karriere in dieser Hinsicht hat zum Beispiel in den letzten Jahrzehnten der Flow-Zustand gemacht, den maßgeblich der Psychologe und Kreativitätsguru Mihály Csíkszentmihály propagiert. Gemeint ist ein Zustand totaler Hingabe für eine Sache mit reduzierter Aufmerksamkeit für Dinge von außen. Der Zustand ist schwer herzustellen, soll aber beeindruckende kreative Ergebnisse zeitigen. Meditation, Sport, Naturerlebnisse können unter Umständen diesen Zustand in Gang setzen.

Arne Dietrich ist jahrelang durch Urwälder gestapft und hat entlegene Berge bestiegen. Aber – wie gesagt – er glaubt nicht, dass es einen nachweisbaren Zusammenhang zwischen Erfahrung und Idee gibt. Was sagt der Hirnforscher dazu, wie bewusst wir das Unbewusste nutzen können?

»Das implizite System kann nicht bewusst benutzt werden. Es kann nicht vom expliziten System gesteuert werden. Und, noch einmal, ob das überhaupt wünschenswert ist, hängt von der Form der Kreativität ab. Manchmal wäre es wünschenswert, wenn Sie in den Flow-Zustand wollen. Manchmal nicht. Es geht eher darum, die Situation genau zu kennen und den Kreativitätstyp, hinter dem Sie her sind – und dann können Sie das explizite System stärker oder schwächer benutzen.

Das ist der entscheidende Punkt: Das Einzige, was wir im Gehirn unter Kontrolle haben, ist das explizite System. Wir können versuchen, das zurückzufahren. Wenn es uns gelingt, die bewusste Hirntätigkeit hoch- und herunterzuregulieren, dann können wir unsere Kreativität besser variieren. Dietrich:

»Die Interaktion zwischen Ihrem bewussten und unbewussten System ist ein Forschungsfeld in Psychologie und Neurowissenschaften, das sehr interessant ist. Wenn wir dem bewussten System die Oberhand geben, beeinflusst das sicherlich das unbewusste System. Eine bewusste Anstrengung, kreativ zu sein, hat unbewusste Effekte. Es gibt ein berühmtes Zitat des französischen Chemikers Louis Pasteur, der gesagt hat: Kreativität widerfährt nur dem Verstand, der darauf vorbereitet ist. Wenn Sie sich obsessiv mit einer Sache beschäftigen, werden auch ihre unbewussten Denkprozesse die Suche nach besseren Lösungen in den Vordergrund stellen. Es ist offensichtlich, dass die Interaktion hier zu mehr Kreativität führen kann.«

Wer bewusst nach Ideen sucht, dem hilft also sein unbewusstes System. Aber wer es schafft, sein bewusstes Denken zu kontrollieren, kann der unbewussten Ideenproduktion eine stärkere Rolle zuweisen. Dietrich empfiehlt außerdem, sich stärker mit dem »selective recall« auseinanderzusetzen, der Tatsache also, dass wir unsere Denk-Misserfolge in der Regel ausblenden:

»Durch das Prinzip des ›selected recall‹ bekommen die Menschen immer einen verzerrten Blick auf den Prozess. Wenn man die Fehler akzeptiert und akzeptiert, dass sie zum Prozess gehören, hilft das dabei, mehr Vertrauen in den zugrundeliegenden algorithmischen Prozess zu gewinnen, welcher Fortschritt produziert. Der zweite Teil ist: Wenn wir die Fehler besser analysieren, hilft uns das, unsere Trefferquote beim nächsten Mal zu verbessern. Wenn Sie also noch einmal in den Prozess gehen und im Hinterkopf haben, was in die falsche Richtung ging, dann hilft Ihnen das sicher bei der Fokussierung auf eine mögliche gute Lösung.«

X

LÄSST SICH KREATIVITÄT STEUERN?

Es liegt wahrscheinlich in der Natur der Fachbereiche, dass ein Psychologe etwas weniger skeptisch ist als ein Hirnforscher, wenn es um die Frage geht, wie sehr wir unsere Kreativitätsproduktion systematisch steuern können. Harold Bekkering ist Professor für kognitive Psychologie in Nijmwegen und Mitglied der königlich-niederländischen Akademie. Er hat zum Beispiel darüber geforscht, wie Kinder durch Imitation dazulernen, wie Kognition in robotisierte Systeme kommt und wie das Gehirn lernt – und er hat sich immer wieder mit Kreativität beschäftigt. Aber ähnlich wie sein Kollege aus Beirut betrachtet auch Bekkering Kreativität auf der Grundlage, »dass wir alle Modelle im Kopf haben und diese die Basis für Kreativität sind«. Glaubt er, dass man Kreativität wie einen Muskel trainieren kann?

»Ich würde es nicht als Muskel sehen, mehr als eine Geisteshaltung. Es ist nicht völlig unterschiedlich als Analogie, wenn Sie im frühen Alter Forscherdrang lernen und dabei lernen, Fehler zu begehen – dann denken Sie, dass Fehler immer gut sind, weil Sie etwas Neues lernen. So bleibt man kreativ. Wenn Sie immer nur nach dem besten Ergebnis und nach der höchsten Leistungsbewertung schielen, dann wird Sie das auch später noch daran hindern, kreativ zu sein. Wenn Sie eine offene Haltung gegenüber Neuem haben und zum Beispiel ab und zu Ihre Musikpräferenzen ändern oder erweitern, dann hilft Ihnen das ebenfalls, kreativ zu bleiben.«

Das Problem, das jeder umgehen muss ist, dass Wissen einerseits eine Voraussetzung für bedeutsame Denkergebnisse ist . Und dass zu viel Wissen andererseits bisweilen wirklich neue Ideen behindert. »Das Problem jeden Musikers ist, dass er schon alle Songs im Kopf hat, die er bisher gehört hat«, sagt Bekkering. Je mehr Denkmodelle Menschen im Kopf haben, desto weniger Kapazität hätten sie in der Regel, sich in neue Gefilde vorzuwagen.

»Ich glaube nicht daran, dass sich das Hirn von Menschen wirklich ändert. Es ändert sich der Inhalt. Und mit je mehr Inhalt Sie Ihr Hirn füllen, desto mehr riskieren Sie, Ihre kreativen Möglichkeiten zu behindern. Das ist die größte Hürde, die Sie überwinden müssen, wenn Sie kreativ sein wollen.«

Deswegen verlangt Lernexperte Bekkering, dass wir unsere Begriffe von Schulbildung grundsätzlich über den Haufen werfen müssen: »Wenn man sieht, dass unsere Gesellschaft sich so schnell ändert, dann wird Wissen immer unwichtiger«, sagt er. »Neugier, Forschungsdrang und Schöpfertum – das sind die Dinge, die zählen.«

X

DIE ENTSCHEIDENDEN DREI FAKTOREN

Drei Faktoren sind laut dem Psychologen entscheidend für Kreativität: Motivation, Exploration, Selbstregulierung. Menschen brauchen einen Antrieb, das Ungedachte zu denken. Was aus eigenem Antrieb gelernt wird, bleibt eher im Kopf als konditioniertes Lernen. Exploration sollte ein lebenslanges Bedürfnis werden. »In dem Moment, in dem Sie wissen, dass zwei plus zwei vier sind, müssen Sie anfangen, Fragen zu stellen«, sagt der Wissenschaftler. »Warum ist das so, warum glaubt der andere das, und wie sind wir zu dieser Antwort gelangt?« Selbstregulierung bedeutet einerseits, sich das Wissen und die Fähigkeiten zu verschaffen, mit denen man ein Ziel erreichen kann. Musiker etwa müssen ihr Instrument beherrschen und regelmäßig üben. Andererseits ist es aber auch das Vermögen, die erworbenen Fertigkeiten und Kenntnisse so in den Hintergrund rücken zu lassen, dass sie einen nicht hindern, etwas Neues zu schaffen.

Wenn man schließlich zu der Frage kommt, ob kollaborative Kreativität besser ist als individuelle Kreativität, kommt man bei Leuten, die sich mit dem menschlichen Gehirn beschäftigten, nicht weiter. Gehirne funktionieren schließlich autonom, und Menschen müssen ihre Gedanken einander mitteilen, um sie miteinander weiterzuentwickeln. »Auch wenn zwei Hirne interagieren, der einzige Weg, wie dabei etwas herauskommen kann, wäre ja, wenn das, was die eine Person sagt, im Hirn der anderen repräsentiert wäre«, sagt der Neurowissenschaftler Dietrich. Und wie funktioniert Improvisation in der Musik, Herr Bekkering? »Wenn Sie nicht wirklich eine sehr symmetrische Zusammenarbeit haben, dann wird das Maß an Kreativität dabei eher nach unten gehen, weil es immer einen Leitwolf gibt, dessen Modell Sie bereichern«, sagt er. »Wenn wir über Kreativität in Gruppen nachdenken, sollten wir im Hinterkopf behalten, dass oft die Summe der gemeinsamen Ergebnisse kleiner ist als die Summe der Einzelergebnisse«, glaubt Bekkering. »Das Endergebnis kann schließlich trotzdem besser sein, weil es besser ist, wenn Sie eine Menge verschiedener Ideen haben, aus der Sie die beste auswählen.« Letztere Erkenntnis des Theoretikers erleben wir in der Praxis der professionellen Ideenfindung durch die Kommunikations- und Beratungsagenturen unserer Hirschen Group seit 25 Jahren täglich: Ideen, die im Team entwickelt, gechallenged und weitergedacht werden, haben in der Regel eine viel stärkere Durchschlagskraft als die rohe erste Idee eines Einzelnen.

x

EINE GUTE NACHRICHT AUS DEN WISSENSCHAFT

Die gute Nachricht aus der Wissenschaft lautet: Das menschliche Hirn ist bestens auf die Ära der Kreativierung vorbereitet. Wir müssen unser Hirn allerdings auch benutzen. Und das bedeutet vor allem: Viele unterschiedliche Informationen hereinlassen. Nicht immer nur über die gleichen Dinge nachdenken, sondern auch mal in ein uns unbekanntes Land reisen, ins Museum gehen oder in ein Stadtviertel, mit dem wir im Alltag nichts zu tun haben. Und, wenn wir Herrn Bekkering folgen: öfter mal den Musikgeschmack ändern. Das wird man auch im übertragenen Sinn formulieren können: Wer nur die Hits seiner Jugend hört, wird nicht auf so viele andere Gedanken kommen als damals.

Wie aber schaffen wir ein Klima der Kreativität? Wie entsteht ein Team, ein Unternehmen, eine Gruppe, die kreativ ist?

Indem wir möglichst gleichwertige Strukturen schaffen.
Indem wir Kommunikation und Informationsaustausch fördern.
Indem wir Teams mit möglichst gemischter Zusammensetzung bilden.
Indem wir individuelle Ideen genauso ernst nehmen wie solche, die im Meeting entstanden sind.
Indem wir Umgebungen schaffen, die Kreativität fördern und nicht hemmen.
Indem wir Neugier, Widerspruch, Mut unterstützen, auch wenn's manchmal wehtut.
Indem wir den Austausch mit interessanten Menschen und Gedanken nicht nur zulassen, sondern ihn erst ermöglichen.
Indem wir immer wieder Externe einladen, uns von ihnen inspirieren und challengen lassen.
Und indem wir Mitarbeiter zum Ideen-finden auch mal rausschicken aus ihrem Büro, rein in die echte Welt.

Ja, Kreativität lässt sich trainieren und Kreativität lässt sich fördern. Wohl eher nicht mit einfachen Trainingsmethoden oder Trainingsplänen, die man irgendwo herunterladen kann. Aber der Mensch ist zum Ideenhaben geboren. Unser Gehirn ist der Ideenmuskel. Wer ihn regelmäßig benutzt, wer Dehnungs- und Entspannungsübungen macht, wer in seiner Anstrengung bis zum Muskelkater geht und manchmal den Muskel spielen lässt – der sorgt dafür, dass es nicht verkümmert.

5. Wie Kreativität Hierarchien besiegt

WIE KREATIVITÄT HIERARCHIEN BESIEGT

Haben wir uns in der Etage vertan? Schon am Eingang beginnt die Verwirrung, sitzt da doch eine freundliche Empfangsdame hinter einer Theke und notiert ganz klassisch die Namen des Besuchers in einer Kladde. So normal darf die Revolution doch gar nicht aussehen! Und dann wird es erst einmal noch langweiliger: Verwinkelte Flure ziehen sich an Zweierbüros vorbei, in denen Menschen sitzen und Tastaturen bearbeiten. Hier ums Eck, da ums Eck. Am Ende landet man in einem Konferenzraum, in dem irgendwelches buntes Feuerwehrzeug rumsteht, und in der Mitte sitzt ein noch bunterer Mann und streckt beide Hände zu uns aus: Stefan Truthän lässt ein Kurzarmhemd mit Ananasdekor über seine Shorts flattern, er lacht und redet drauflos und hört erst einmal gar nicht wieder damit auf. Der Mann ist hier geschäftsführender Gesellschafter, hat aber gar kein eigenes Büro und ist ohnehin auf den Sprung in den Urlaub. Die alten Hierarchien, sagt er noch schnell, »alles Quatsch«. Die alten Firmen machten alle etwas falsch. Dann drückt sich Truthän zum Whiteboard durch und malt es voll, unter anderem die »Formel für Kreativität«.

Wo sind wir denn hier gelandet? HHP ist eine Ingenieurfirma für Brandschutz in Berlin, die unter anderem auch die berühmten Brandschutzgutachten für den künftigen Flughafen der Hauptstadt verantwortet. Auf den ersten Blick ist Brandschutz ein Metier, das wenig Raum für Kreativität lässt, weil auf diesem Feld alles hochgradig reguliert ist. Früher waren Brandschutzfirmen kleine Ingenieurbüros, in denen eine Handvoll korrekter Herren komplizierte Freigaben geschrieben haben. So sah es auch hier noch aus, als der Wirtschaftsinformatiker Truthän 1999 als studentische Hilfskraft im Keller anfing. Später hat er HHP zu einer Art

Konzern umgebaut. Heute hat die Firmengruppe knapp 200 Mitarbeiter, macht 12 Millionen Euro Umsatz – aber in zehn Jahren sollen es schon 100 Millionen sein. Nach eigenen Angaben deckt Marktführer HHP ein Viertel des deutschen Geschäfts ab (und zwar das lukrativere Viertel, wie Truthän betont).

Nach außen hin ist HHP also eine klassische Dienstleistungs- und Ingenieurfirma, die »next generation fire engineering« verspricht. Nach innen hin aber hat Truthän eine Struktur gebaut, die er den »Bauplan für eine agile Organisation« nennt. Als er 2009 mit dem neuen System anfing, hat er als Erstes alle Positionen für Führungskräfte weggeräumt. Es gibt bei HHP keine Hierarchien mehr, wenn man einmal von den beiden geschäftsführenden Gesellschaftern an der Spitze absieht. Das Prinzip lautet: »Die Hierarchie ist tot, es lebe das Thema!« Führung, erklärt Truthän, finde hier nur noch inhaltlich getrieben und situativ statt, nicht mehr institutionalisiert. Und warum sieht das hier in den Fluren so klassisch aus, wenn die Firma doch alles anders machen will? »Ja, es ist richtig, wir müssen Umgebungen schaffen, die Kreativität zulassen«, erklärt er. »Aber die Leute denken dann immer, sie müssten die physischen Umgebungen verändern, und dann ändert sich etwas.« Er fragt: »Wozu soll das dienen?« Man müsse die Strukturen ändern, das seien die wirklichen Freiräume. Dann ändere sich auch etwas in den Köpfen. Bevor Truthän sein System etablierte, hatte HHP ein schönes Organigramm, klassische Matrix-Organisation. Und dauernd Probleme: Einer wollte Karriere machen, aber sein Wunschposten war schon besetzt. Alle kämpften nur für ihren Bereich. Kreativitätstötend, stöhnt Truthän. Weg damit!, beschloss er.

Die Mitarbeiter sind heute in so genannten Zellen organisiert, die jeweils sechs bis acht Leute umfassen und möglichst heterogen sind: Es sind Junge und Alte vertreten, Männer und Frauen, Erfahrene und wenig Erfahrene. Außerdem sollen in allen Zellen jene vier Eigenschaften gleichmäßig verteilt sein, die Truthän als wesentlich für Mitarbeiter erachtet: Erstens: Leute begeistern (sich und andere). Zweitens: Organisieren können (sich und andere). Drittens: Alternativen aufzeigen. Viertens: Zuhören können. Keiner kann alles, und Truthän hält es für schlecht, dass man dauernd Führungskräfte zwingen will, ihre Schwächen auszumerzen, um sie vollkommen zu machen.

Die Zellen haben keine Chefs und auch keine spezifische fachliche Zuständigkeit, denn die eigentliche Arbeit an Projekten wird nach einem Prinzip organisiert, das Truthän ebenfalls als wesentlich für sein System bezeichnet: Mitarbeiter finden situativ je nach Neigung, Kompetenz und freien Kapazitäten zu Projektteams zusammen. Ob sie gerade ansprechbar sind, woran sie arbeiten und wofür sie sich interessieren, können die Beschäftigten ständig online einsehen – und auch, wo wer gerade sitzt. Denn die Zweierbüros mögen konservativ aussehen, aber feste Arbeitsplätze gibt es bei HHP nicht. Jeder Mitarbeiter hat ein kleines Lämpchen auf seinem Rechner. Leuchtet es grün, ist er für Projekte ansprechbar. Leuchtet es rot, ist er beschäftigt. Truthän kommt von der Programmiererei. Deshalb stellt sich die Firmenorganisation wie eine Software vor. »Wir wollten eine isotope Organisationsstruktur finden, in der sich Leute nach Belieben für temporäre Ziele zusammenfinden«, sagt der Unternehmer. »Sie sollte flexibel und responsiv sein.«

Aber funktioniert das in der Praxis? In einem der Gänge sitzt Martin Steinert. Er sagt: Ja, es funktioniert meistens. Steinert ist Sachverständiger für vorbeugenden Brandschutz. Eigentlich hat er gerade ein rotes Licht auf seinem Rechner, etwas recht Kompliziertes auf dem Schirm. Die Selbstorganisation sei oft anstrengender oder auf andere Weise anstrengend als das Arbeiten mit Hierarchien, sagt er. »Aber das Ergebnis ist, dass es mehr Spaß macht.«

Das ist nicht das alleinige Ziel. Truthän will Neugeschäft, neue Märkte, neue Ideen, nicht mehr nur von dem regulierten Geschäft mit Bauprojekten leben. Ein kreatives Unternehmen sein. Zum Beispiel haben sie eine Software entwickelt, die die gängigen Brandschutzkarten von Gebäuden virtuell aufs Smartphone bringt – damit jeder Feuerwehrmann überall direkt die Feuerlöscher oder die Kanäle für die Schläuche finden kann – »wie bei Pokemon Go«, sagt Truthän. Er will bei der Gebäudeautomatisierung mitmischen – auch wenn da die Konkurrenz Google, Microsoft, Siemens, Apple heißt. »Mein Begriff für Kreativität ist unternehmerische Utopie: Träumen erlaubt!« Das erklärt er so auch seinen Leuten.

x

VOM MINIMAL- ZUM MAXIMALPRINZIP

Damit Kreativität funktioniere, müssten aber die Firmen umdenken, vom Minimal- zum Maximalprinzip. Nicht mehr: Das gegebene Ziel mit möglichst geringen Mitteln erreichen. Sondern: Mit den gegebenen Mitteln mehr erreichen. Mehr erfinden, mehr Ideen, mehr Neugeschäft. Und: Mehr Kreativität auch im Stammgeschäft. Neulich hatten sie ein Projekt, da wollte einer einen Club in einen ehemaligen Kellertresor bauen, nach dem Vorbild des legendären Clubs im anarchischen Ostberlin kurz nach der Maueröffnung. Doch heute gibt es im Gegensatz zu damals eine sanktionierte Versammlungsstättenverordnung, Denkmalschutz et cetera. Kreativ ist, wenn man trotzdem einen Weg zum Ziel findet. »Oft muss man versuchen, abseits des geregelten Standardfalls die Zielstellung des Gesetzes zu erreichen«, erklärt der Brandschutzsachverständige Steinert. Das bringt mehr Mühe, aber auch mehr Erfüllung als die Standardisierung eines Büroneubaus. Und man macht, wenn man den Lösungsweg erfindet, mehr Geld als Firmen, die nur sagen, warum es nicht erlaubt ist.

Die Hierarchien und Organigramme unserer Unternehmen sind häufig ein Erbe des 19. Jahrhunderts. Man hat sich das Grundprinzip mit linear verteilter Verantwortung vom Militär abgeguckt, weil es kein anderes gab. Und für eine Maschinerie, in der der Einzelne nur Rad im Getriebe ist, sind Befehl und Gehorsam auch am effizientesten. Aber heute, wo wir alle im Ideenwettbewerb stehen, wo interdisziplinäre Zusammenarbeit die besten Ergebnisse zeitigt, wo Menschen nicht in ihren Funktionen und punktuellen Kompetenzen gefragt sind, sondern mit ihrer ganzen kreativen Persönlichkeit, wo es nicht um die Fortführung des Geschäfts von heute, sondern um die Entwicklung des Geschäfts von morgen geht – da stehen die Hierarchien oft im Weg. Organisationseinheiten verselbstständigen sich, Abteilungen, Teams und Führungskräfte kämpfen um Status und Position, Untergebene kämpfen mit oder gegen ihre Hierarchien, Ideen verlieren sich auf dem Weg durch die Verantwortungskaskade. Kaum eine Organisation, die durch diese Probleme nicht gebremst wird.

Deshalb ist die Aufgabe heute: Raum für die Entwicklung unerwarteter Ideen schaffen. Raum schaffen bedeutet Freiheiten für die Mitarbeiter, aber dabei gleichzeitig die Ziele der Aufgaben klar definieren, weil der Geschäfts- oder Organisationszweck in der Regel nicht beliebig ist. An der Spitze von Organisationen grassiert häufig die Angst, der Verzicht auf Kontrolle führe dazu, dass sich im Apparat Faulheit und Verantwortungslosigkeit einnisten. Diese Angst ist meistens übertrieben, da Menschen in der Regel verantwortlicher handeln, wenn man ihnen Verantwortung überträgt. Aber auch in Truthäns selbstorganisierendem System gilt der Grundsatz: »Wer das System unterminiert, fliegt.« Man sollte allerdings auch immer bedenken, dass der Ineffizienz durch zu große Freiheit auf der anderen Seite die Effizienzverluste durch Hierarchiekämpfe gegenüberstehen.

Die Unzulänglichkeiten der alten Hierarchien sind den meisten Verantwortlichen längst bewusst. Die Antwort besteht aber oft nur darin, dass man »flache Hierarchien« propagiert und einzelne Verantwortungsebenen im mittleren Management eliminiert. Jede Organisation sollte heute weitergehen. Die Schwierigkeit besteht darin, dass jede Organisation je nach Disziplin, Erfahrung, Größe, Kreativitätstiefe, Mitarbeiter- sowie Kapital- und Eigentümerstruktur eine andere Antwort braucht.

X

EIN CEO, DEMOKRATISCH GEWÄHLT VON DEN MITARBEITERN

Allerdings gibt es heute viele erfolgreiche Vorbilder, nicht nur den quirligen Brandschutzmann aus Berlin mit seinem selbstgeschriebenen Betriebssystem. Die Schweizer Softwarefirma Umantis aus St. Gallen mit 150 Mitarbeitern verzichtet zwar nicht auf Chefs, aber sie hat es gewagt, die Demokratie in die Unternehmenswelt zu bringen: Sie wählen dort ihre Chefs. Auf Zeit. Es begann 2012, als sie einen Nachfolger für den Vorstandschef suchten. Seitdem wird jede Position besetzt, indem die Kollegen auf einem Wahlzettel mit sechs Möglichkeiten für oder gegen die einzelnen Kandidaten abstimmen können: »Ja mit voller Zustimmung«, »Ja«, »Ja mit Bedenken«, »Extern rekrutieren«, »Wir brauchen diese Position nicht«, »Enthaltung«. Die Demokratie hat sich als erfolgreich erwiesen: Die Firma aus St. Gallen wächst. »Unternehmen sind erfolgreicher, wenn ihre Strukturen demokratisch sind«, argumentierte die Organisationsforscherin Isabell Welpe von der Technischen Universität München gegenüber der *Zeit*. Demokratische Verfahren seien überall da anwendbar, »wo Menschen unterschiedliche Perspektiven haben, wo es wichtig ist, Wissen, das auf mehrere Köpfe verteilt ist, zusammenzubringen«.

Der Maschinenbauer Semco aus Brasilien machte schon in den 1990er-Jahren Schlagzeilen, als er die 3000 Mitarbeiter – Fabrikarbeiter inklusive – über Arbeitszeiten, Urlaub und Lohn abstimmen ließ. Inzwischen verzichtet Semco in der Produktion auf dauerhafte Geschäftsführer und feste Stellenbeschreibungen. Vielmehr verantworten flexible, unabhängige Teams ganze Produktionsprozesse. Seit der Installation des Systems ist Semco stark gewachsen, hat die Produktivität gesteigert, und die Fluktuation ist extrem gering. Firmen-Haupteigner Ricardo Semler hat eine Reihe von Bestsellern über seine Ideen geschrieben und zahlreiche Nachahmer gefunden.

Ein anderes Beispiel ist der selbstorganisierte niederländische Pflegedienstleister Buurtzorg. Hier arbeiten rund 10 000 Pflegekräfte in gleichberechtigten Teams zusammen. Dem Anbieter werden regelmäßig hohe Dienstleistungsqualität und große Jobzufriedenheit bescheinigt.

Andere Firmen verringern die Hierarchietiefe mithilfe von Apps. Es gibt eine Reihe von firmenspezifischen Anwendungen, mit denen Mitarbeiter sich selbst einteilen, bewerten und die Arbeit organisieren können. Im Dienstleistungssektor kann das zusätzliche Freiheit schaffen.

Und es gibt Unternehmen, die sich zwar nicht trauen, ihre vertikalen Strukturen abzuschaffen, aber ihren Mitarbeitern Freiräume jenseits dieser Strukturen schaffen. Ein Beispiel ist Adobe. Dort gibt es die Kickbox, für die sich jeder Mitarbeiter bewerben kann. Die Box ist eine rote Schachtel mit verschiedenen Werkzeugen zur Ideenentwicklung. Dazu gibt es 1000 Dollar Budget, und – noch wichtiger – die Mitarbeiter können über mehrere Monate bis zu 40 Prozent ihrer Arbeitszeit einer Idee widmen.

Eine Kontrolle über die Verwendung der Mittel oder der Zeit findet nicht statt. Verschiedene Firmen – oft aus der Tech-Szene – halten ihre Mitarbeiter an, einen Teil ihrer Arbeitszeit neuen, eigenen Projekten für die Firma zu widmen, für die es keine Begrenzung gibt.

Die alten Hierarchien brechen auf, ganz unterschiedlich. Jede Organisation muss ihre Lösung finden. Aber wer eine kreative Organisation will, verteilt Verantwortung breit und schafft Transparenz. Er überzeugt, anstatt zu delegieren. Er schafft Vielfalt in seinen Teams und misstraut zu großer Kontinuität. Und er weiß: Kontrolle ist gut, Vertrauen ist besser.

Stefan Truthän glaubt, das Wichtigste für eine kreative Organisation ist, dass sie in Bewegung bleibt. »Das ist wie Flüssigbeton; wenn wir aufhören zu rühren, wird es fest.« So beschreibt er auch seine eigene Rolle. Der geschäftsführende Gesellschafter tigert mit seinem Rucksack durch die Gänge, fragt seine Leute, was sie machen, und serviert ihnen seine eigenen neuesten Ideen. »Wir müssen permanent gegen den Trend zur Verhärtung kämpfen«, sagt er.

Vielleicht braucht man doch noch manchmal einen Chef: als Auf-misch-Maschine ...

6. WIE KREATIVITÄT ARBEITS-UMFELDER VERÄNDERT

WIE KREATIVITÄT ARBEITSUMFELDER VERÄNDERT

Das neue Haus soll so viel sein, und vor allem soll man es ihm ansehen. Der »Campus«, den der Medienkonzern Axel Springer direkt neben seiner alten und ehrwürdigen Zentrale in Berlin auf der Grenze der Bezirke Kreuzberg und Mitte baut, wird aussehen wie ein großer Würfel, den jemand eingerissen hat. Oder der Blitz hat von der Seite eingeschlagen. Jedenfalls da, wo der Monolith durchbrochen ist, kann man reingucken – beziehungsweise raus, wenn man drinsitzt. Das Ganze hat das Team von Stararchitekt Rem Kohlhaas entwickelt. Und wie immer, wenn man Stararchitekten und ihren Auftraggebern zuhört, klingelt es einem in den Ohren, wenn sie erklären, warum ihr Haus aussieht, wie es aussieht. Wenn 2020 die Springer-Abteilungen einziehen, dann soll hier nach eigenen Angaben eine Art Paradies des agilen Arbeitens entstehen. Alles, was die alte Arbeitswelt nicht hatte. Alles, was die Neue braucht. Rückzugsräume und Begegnungsflächen, Wäscherei, Apotheke, Coworking-Spaces. »Wichtig war uns, eine radikal avantgardistische Architektur zu realisieren, die einfach an sich anziehend ist für modern denkende Menschen«, sagt Vorstandschef Mathias Döpfner.

Bevor aber Döpfner über den prestigeträchtigen Neubau entschieden hat, hat er nach eigenem Bekunden noch einmal grundsätzlich nachgedacht. »Warum brauche ich überhaupt noch ein Büro?«, hat er sich gefragt und an seine Leute gedacht. »Warum müssen die überhaupt noch antreten?« An einem bestimmten Ort. Zu einer bestimmten Zeit. Vielleicht ist ja das wirklich moderne Unternehmen eines, das ohne festes Zuhause auskommt. Es gibt tatsächlich schon ein paar kleinere Firmen, die das schaffen: Die von angemieteten Coworking-Schreibtischen aus operieren oder sogar aus digitalen Nomaden bestehen, verstreut über die ganze Welt. Aber für einen Konzern mit fast 16000 Mitarbeitern wäre das dann doch in vielen Bereichen schlichtweg unpraktikabel. Und es würde die menschliche Kollaboration nicht gerade befördern. Am Ende fand also auch Döpfner, dass selbst die mutigste aller Zukunftsfirmen noch ganz gut eine physische Firmenzentrale vertragen kann.

Deren kreative, inspirierende Fassade – als angenehmer Nebeneffekt – tut dem Berliner Stadtbild mit seiner in den letzten 20 Jahren krakenhaft verbreiteten Schießscharten-Neubau-Einheitsarchitektur verdammt gut.

Man kann kaum in Zweifel ziehen, dass man einer kreativen Organisation auch von außen ansehen darf, dass sie nicht mehr nach den Regeln des 19. Jahrhunderts funktioniert. Umfelder sind wichtig. Räume müssen Freiräume sein. Die Welt, in der die Menge der Fensterachsen im Einzelbüro und die Größenklasse des Dienstwagens über die Attraktivität einer Arbeit entscheiden, ist zum Glück auf dem Rückzug. Aber wie sehen Freiräume wirklich aus? Es hat sich eine neue Ikonographie des modernen Arbeitens entwickelt, die es längst auch in TV-Soaps geschafft hat: Fabrikloft ohne Wände, Tischkicker, Telefonzellen. Bar und Gemeinschaftstisch mit Obstkorb, leeren Pizzakartons und Getränkekühlschrank. Auch mehr und mehr konservative Traditionsfirmen greifen diesen Stil mittlerweile auf – ohne Obst und Offenheit kriegt man heute zu Recht keine guten Hochschulabsolventen mehr angelockt.

Aber macht das allein schon kreativ? Natürlich nicht. Doch kluge, oftmals einfache innenarchitektonische Kollaborationsangebote sorgen tatsächlich dafür, dass die gegenseitige Zugänglichkeit und damit die kreative Ideenkonfrontation gefördert werden. Für das Gemeinsamkeitsgefühl sind sie wichtig, als Ansporn zur Teamarbeit. Außerdem ist Pizzaessen in der Arbeitsgruppe an der Bürobar zweifellos fröhlich-produktiver als das Anstehen für Buletten in der Betriebskantine. Mahlzeit.

Natürlich gibt es eher mehr Frustberichte aus bunten Großraumbüros wie aus grauen Einzelzellen. Schließlich bringt das Zusammenleben mehrerer Menschen in einem Raum immer mehr verrückte Geschichten mit sich als die emotionsbefreite Arbeitszeit im Einzelbüro.

Ist es aber zwingend, dass wir, wenn wir von der digitalen Zukunft der Wirtschaft reden, die farbige Optik aus dem Internet jetzt auch in physische Oberflächen übertragen? Die bunten Lettern von Google, das muntere Twitter-Vögelchen, das beruhigende Facebook-Blau –durch sie wirken die turbokapitalistischen Weltkonzerne bei vielen Betrachtern so, als wären sie freundliche moderne Helfer aus dem Hippie-Milieu der kalifornischen Creative Class.

Wenn dieser Stil aber in deutschen Kreisstädten von mediokren Inneneinrichtern bei den dortigen Local Champions kleinteilig nachempfunden wird, dann entsteht naturgemäß eine ungesunde Erwartungshaltung, wenn daraufhin von den Mitarbeitern stante pede der internationale Durchbruch eingefordert wird. Die Brandschutzfirma aus dem letzten Kapitel ist jedenfalls ein gutes Gegenbeispiel: Eine Organisation mit starken kreativen Impulsgebern kann revolutionäre Strukturen auch in einer langweiligen Umgebung entwickeln. Wenn sie sich denn umso mehr anstrengt.

X

QUATSCHEN AUF DEM FLUR IST HEUTE DAS GEGENTEIL VON ZEITVERSCHWENDUNG

Kommunikation ist inzwischen das Entscheidende, auch für die Räume. Henri Nannen, der berühmte Gründer der Illustrierten *Stern*, hat es schon in den 1960er-Jahren gesagt: »Blattmachen ist Quatschen auf dem Flur.« Das kann man inzwischen auf alle Branchen übertragen, die auf schöpferischen Output angewiesen sind: Quatschen auf dem Flur sah früher mal wie Zeitverschwendung aus, kann heute aber Keimzelle höchst produktiver Ideen sein. Wir brauchen also gute Flure! Und Räume, sowohl physisch wie auch virtuell, in denen Kollegen einander geplant und ungeplant gerne begegnen. Deshalb die Bars, die Küchentische und die Kicker – wobei wir hier sehr offen für ein paar neue Ideen sind.

Es ist mehr als eine anekdotische Fußnote, dass sich Nannens Verlag Gruner+Jahr dann einige Jahre später ein pompös-modernistisches Haus an den Hamburger Hafen stellte, in dem die Flure lang, aber öde aussahen, die Büros der Chefs jedoch wie Kapitänsmessen. Und die Einzelzellen der Büroarbeiter blieben meist verschlossen wie Tresore. Das Hauptquartier machte von außen viel her. Aber Quatschen auf dem Flur war nicht mehr – ein Fehler, den der Verlag längst erkannt hat: Das berühmte Haus ist mittlerweile verkauft.

Den architektonischen Wettlauf entfacht haben Apple, Google und Facebook – die Firmen, um deren Kreativität sie viele beneiden, die sie dann aber paradoxerweise nur nachzuahmen versuchen. Apple hat sich vom Stararchitekten Norman Foster eine Art festgewachsenes Ufo in Cupertino installieren lassen. Die Facebook-Zentrale in Menlo Park hat Frank Gehry gebaut, die Erweiterung plant aktuell das Büro Rem Kohlhaas. Der neue Architekten-Superstar Thomas Heatherwick baute gleich zwei Google-Zentralen: das Headquarter in Mountain View und das europäische in London. Der Architekturkritiker Rowan Moore notierte im *Observer:*

»Die IT-Giganten sind heute in derselben Position wie die Mächtigen vor ihnen – die Bankiers der italienischen Renaissance, die Hochhausbauer des 20. Jahrhunderts, Kaiser Augustus, die viktorianischen Eisenbahngesellschaften –, und auch ihre Bauwerke werden unser Zeitalter prägen.«

Es sind respektheischende Gebäude, die Machtarchitektur des neuen Zeitalters. Sollen diese Bauten aber wirklich die Mitarbeiter kreativer machen oder aber die Macht der Bauherren über unsere Ära hinaus zementieren?

Besonders über die Apple-Zentrale gibt es beeindruckende Berichte, etwa im Magazin Wired: Man geht durch einen einschüchternden gekachelten Tunnel von 230 Metern Länge, das Fitnesscenter misst 9000 Quadratmeter, das Café bietet 4000 Leuten Platz. Nicht nur Fliesen, Türmechanik, Glasflächen sind Einzelanfertigungen, auch ein Pizzakarton wurde eigens für das Apple-Café konstruiert: Er soll verhindern, dass der Teig pampig wird – das finden übrigens auch wir eine tolle Kreativierungs-Maßnahme! Zugang zum Café gewähren 26 Meter hohe Glasschiebetüren, jede wiegt an die 200 Tonnen und kann dennoch geräuschlos öffnen. Die Türschwellen im ganzen Gebäude sind laut Reuters eigens abgesenkt, damit die Programmierer nicht aus dem Tritt kommen, wenn sie, die Augen am nächsten iPhone-Prototyp klebend, die Räume wechseln.

Braucht Kreativität das? Oder sind diese Zentralen betongegossene Kathedralen der Ideenlosigkeit, wie der einstige Apple-Designer und Steve-Jobs-Partner Hartmut Esslinger sagt? »Sie sind zu groß geworden«, urteilte Esslinger in der *Süddeutschen Zeitung* über Apple. »Niemand, der superreich ist, hat eine neue Idee.« Deshalb suchen alle Großkonzerne derzeit händeringend nach jungen, hungrigen Mitarbeitern ...

x

ES BEGANN IN SCHUPPEN UND GARAGEN

Die Ironie der Geschichte liegt ja darin, dass die großen kreativen Erfolge all dieser Firmen in Räumlichkeiten begannen, die nichts von der Endgültigkeit , der Überdefiniertheit und der Repräsentativität ihrer neuen Hauptquartiere hatten. Das ganze Silicon Valley entstand mit Hewlett-Packard in einem Holzschuppen in Palo Alto. Facebook wurde in Mark Zuckerbergs Studentenwohnheim entwickelt, die erste Google-Zentrale war eine Garage in Menlo Park.

Das heißt nicht, dass wir alle wieder in Schuppen ziehen müssen. Das Provisorische, das Veränderliche, das nicht-vordefinierte kreative Klima dieser Umfelder können wir auch in festen Behausungen schaffen. Wenn man einem kreativen Arbeitsraum überhaupt irgendetwas ansehen sollte, dann das: dass die Zukunft erst anfängt.

So ist ein guter Raum immer ein Raum fürs Unerwartete. Ein Raum der heute noch mit zwei Handgriffen umgebaut werden kann. Ein Raum, in dem noch Platz ist.

x

VON PALO ALTO NACH LEUTKIRCH

Von Berlin-Kreuzberg weit entfernt ist Leutkirch im Allgäu. Auch in dieser Gegend boomt die deutsche Wirtschaft, doch die Firmenhallen sehen in der Regel aus wie noch in den 1970ern: quadratisch, praktisch, grau. Als Michael Hetzer, der Eigentümer des mittelständischen Sensorenherstellers elobau, 2011 über einen Neubau nachdenken musste, hatte er ganz spezifische inhaltliche Ziele: Er wollte vor allem ein Plus-Energie-Haus – also ein Gebäude, das mehr Strom erzeugt, als es verbraucht. Und er wollte, dass die Mitarbeiter sich wohlfühlen. Wer das Innere der grauen Standardfabrikhallen der Umgebung kennt, ist überrascht, wenn er hier die Produktionshallen betritt. Es ist hell darin, aufgeräumt und überraschend leise. Die wärmeregulierenden Decken sind gleichzeitig so konstruiert, dass sie auch für eine gute Akustik sorgen. Frische Äpfel (Bio) gibt es nicht nur in der Verwaltung und in der Forschungsabteilung, sondern auch hier in der Produktion. Es ist ein Gebäude geworden, in dem jeder Arbeitsplatz ein menschlicher Arbeitsplatz ist. Dazu gehört, dass die Priorität für Energieeffizienz die Leute nicht entmündigt. Wenn einer in einem Raum das Fenster öffnen will – gern. Dann fahren die Heiz- und Kühldecken ihre Funktion entsprechend herunter. Das Gebäude sieht beeindruckend aus, aber nicht einschüchternd. Im Innern sorgt der Mix aus Grün, Grau und Tageslicht für eine beruhigende Arbeitsatmosphäre. Von außen sticht die riesige, eigens konstruierte Photovoltaik-Anlage ins Auge. Von vorn betrachtet, fällt sie wie ein Vorhang vor die Fensterfront.

Im Seitenwinkel wirkt sie wie eine Sonnenmarkise, die den breiten Balkon der ersten Etage überdacht. Die semitransparenten Solar-Panels dienen den Mitarbeitern in den südseitigen Büros auch als Sonnenschutz, denn sie richten sich stets nach der Sonne aus.

Elobau steht in Konkurrenz zu asiatischen Massenherstellern, daher sind die Argumente »Made in Germany«, Kreativität in der Produktentwicklung und Nachhaltigkeit in der Produktion für das Unternehmen sehr wichtig. Der Innovationsdruck kommt dazu. Das Gebäude scheint dem Unternehmen geholfen zu haben, damit umzugehen. Jedenfalls ist der Umsatz seit dem Bau stark gewachsen, und das Unternehmen spricht von guter Ertragslage. Hetzer hat seitdem zwei weitere energetisch günstige und ästhetisch ansprechende Firmengebäude realisiert. Neben »Werk 2«, der Plus-Energie-Produktions-und-Verwaltungshalle, entsteht zudem bis 2019 eine weitere Halle, diesmal teilweise aus Holz.

X

FREIE GEDANKEN BRAUCHEN FREIRAUM

Kreative Umfelder schaffen Raum. Und Kreativität entsteht aus Freiheit. In jedem Raum, in dem Freiheit möglich ist, können auch Ideen entstehen. Die Mentalität einer Organisation und das in ihr herrschende Klima sind wichtiger als die äußere Gestaltung physischer Flächen. Die können allerdings auch eine einengende, ideen- und kommunikationshemmende Wirkung haben – oder eben bei guter Architektur das Gegenteil. Freiheit wiederum kann am Ende auch darin bestehen, nicht immer ins Büro gehen zu müssen, also Home-Office, Coffeehouse-Office oder Kreativtrip zur Zielgruppe. Die zumindest zeitweise Befreiung vom klassischen Arbeits- und Büroverständnis ist bisweilen ebenso inspirativ wie das Schaffen wirklich kommunikativer Räume. Wichtig sind immer die Flächen, in denen »Quatschen auf dem Flur« stattfindet. Diese Flure sollten deshalb nicht bedrückend gestaltet und auch nicht 230 Meter lang wie bei Apple sein. Das architektonisch getriggerte Flurquatschen ist nicht das einzige, aber ein wichtiges Element für die Ideen der Zukunft. Ein weiteres entscheidendes Element: Rückzugsräume, in die sich der Einzelne mal für ein paar Stunden auf eine konzentrierte Solotätigkeit zurückziehen kann. Und in denen kleine Gruppen verschworen und ungestört die Ideen der Zukunft ausbrüten.

Kurzum: Architektur ist wichtig – aber ohne neues Denken und ohne neue Strukturen hilft sie allein wenig. Deshalb vorher unbedingt kreativ darüber nachdenken, wie sich die Menschen nachher darin so wohlfühlen können, dass sie auf gute neue Ideen kommen.

7. WIE KREATIVITÄT IN DER ALTERNDEN GESELLSCHAFT NEUES SCHAFFT

WIE KREATIVITÄT IN DER ALTERNDEN GESELLSCHAFT NEUES SCHAFFT

Am 22. Juni 2018 treten die Rolling Stones im vollbesetzten Berliner Olympiastadion auf. Es ist ein schöner Sommerabend. In der Aussparung des Marathontors geht eben die Sonne unter, als Mick Jagger auf die Bühne läuft. Es wird den Sänger vielleicht selbst einen Moment schaudern, als er dem Publikum zuruft, dass die Band vor 53 Jahren das erste Mal in dieser Stadt aufgetreten ist, nur ein paar hundert Meter von hier entfernt.

Viele aus dem Publikum könnten dabei gewesen sein. Man würde nach dem Eindruck von hier und heute zwar nur wenigen unterstellen, zu den Raufbolden gehört zu haben, die 1965 die Tribünen der Waldbühne ziemlich zerlegt haben. Aber Menschen werden bekanntlich mit zunehmendem Alter häufig besonnener und friedlicher. Jetzt sieht es im Innenraum des Stadions, speziell auf den sehr teuren Plätzen, jedenfalls aus wie an einem beliebigen Wochentag in der Fußgängerzone im bürgerlichen Steglitz. Trotz der angenehmen Temperatur dominieren praktische Outdoor-Kleidung und Gesundheitsschuhe. Viele gemeinsam gealterte Paare. Ruhige, freundliche Menschen, die die angebotenen Sitzgelegenheiten gern in Anspruch nehmen, die »Bitte« und »Danke« sagen und nur zu den ganz großen Gassenhauern aufspringen. Gut, in die Jack-Wolfskin-Ödnis haben sich auch ein paar Motorradrocker mit Lederjacken, Tattoos und langem Resthaar gemischt, aber in Sachen Altersschnitt und zurückhaltendem Auftreten unterscheiden sie sich nicht von den anderen. Mehr als 350 Euro hat in diesen Rängen hier jeder pro Karte bezahlt, es könnte ja das letzte Mal sein.

Bemerkenswert ist der Kontrast zwischen den Herren auf der Bühne und den Menschen im Publikum. Er ist deswegen so auffällig, weil die Stones ungefähr die gleiche Altersklasse vertreten wie die Mehrheit der Leute hier unten – und weil man den Musikern ihr Alter auch durchaus ansieht. Und trotzdem: Ein paar Wochen nach dem Auftritt feiert Mick Jagger Geburtstag, und als in der FAZ unter der Zeile »Mick Jagger 75« eine ganzseitige Würdigung erscheint, als handele es sich bei dem Jubilar um einen verdienten Dirigenten oder Museumsdirektor, da sieht das nach dem Erlebnis im Olympiastadion irgendwie unpassend aus. Das Interessante an dem Auftritt der Stones ist nämlich, wie sie dem, was sie verkaufen und repräsentieren, immer noch und wie ehedem Leben einhauchen. Es sieht erstaunlicherweise immer noch aus wie purer, direkter, unkalkulierter Rock'n'Roll. Die Songs sind fast alle uralt, wenn man mal davon absieht, dass hier und da ein wenig mit den erstaunlich stimmgewaltigen Backgroundsängerinnen experimentiert wird. Aber die Direktheit, die Credibility, die allem Anschein nach unverstellte Spiel- und Auftrittsfreude der Band, das Engagement und der lustvolle Ernst, mit dem sie ihrer Arbeit nachgehen: Wenn das Wort nicht so ausgelutscht wäre und für eine Band, die eigentlich nur noch ein Massenprodukt sein kann, nicht so kühn klingen würde: Man könnte es Authentizität nennen. Die ist da.

Und das war ja nicht zu erwarten, wenn man die Geschichte der Band kennt, wenn man weiß, dass es ein Großunternehmen ist, eine Maschinerie, dass die Tourneen vor allem Geld verdienen sollen, dass die einzige künstlerisch-kreative Bewegung der letzten Jahre eine stetige Verfeinerung und Detailvariation ihres Lebenswerkes ist. Und doch: Es gibt viele Jahrzehnte jüngere Bands, die bei ihren Auftritten deutlich weniger aktive Verbindung zum Publikum aufnehmen. Du kannst alt sein, du kannst dich den Kompromissen des Lebens und Geldverdienens fügen, du kannst eine Marke geworden sein, du kannst vielleicht auch viele deiner größten

Erfolge in weiter zurückliegenden Jahren gehabt haben – und doch muss das Feuer nicht ausgegangen sein, musst du keine Kopie deiner selbst werden, kannst du dafür sorgen, dass jeder Moment auf der Bühne ein spezieller wird. Das bedarf einer anderen Kreativität als das Schreiben neuer, revolutionärer Songs – ist aber eben auf seine Art auch etwas ganz Besonderes. Das ungefähr sagt dieser Auftritt. Und vielleicht überträgt sich davon sogar ein wenig auf das Publikum in den Goretex-Jacken.

Denn es gibt ein Phänomen, das fast ebenso mächtig ist wie die notwendige Kreativierung – es ist die dramatische Alterung auch und ganz besonders der deutschen Gesellschaft.

x

TABUTHEMA ALTERNDE GESELLSCHAFT

Obwohl viel davon geredet wird, scheint es immer noch wie ein Tabu: Die Tatsache, dass die über 50-Jährigen schon heute rein mengenmäßig den Ton angeben. Dass wir deshalb nur dann weiterhin unsere wirtschaftlichen, kulturellen und sozialen Erfolge erhalten können, wenn wir es schaffen, dass wir alten Leute geistig beweglich bleiben. Und wenn wir unseren Blick auf die Generationen insgesamt verändern. Über das wird trotz aller Demografiekommissionen und Zeitungsartikel viel zu wenig geredet, obwohl es entscheidende Fragen für unsere Zukunft sind.

Und auch wir müssen uns ja fragen: Gehört in ein Buch über Kreativierung wirklich ein Kapitel über ältere Menschen? Geht es uns denn nicht um die Zukunft, die laut Sprichwort den Jungen gehört? Werden wir nicht unsere optimistische, veränderungsbereite, dem Neuen zugewandte Botschaft konterkarieren, wenn wir hier plötzlich mit den Alten um die Ecke kommen? Denn in Wirklichkeit ist es doch so: Wer ernsthaft von den Folgen des demografischen Wandels redet, dem haftet bisweilen der strenge Geruch der Vergänglichkeit an. Beinahe hätten wir sogar Verwesung geschrieben, und auch das wäre nicht ganz falsch gewesen …

Wir riskieren es dennoch, darüber zu reden, weil wir glauben, dass das Thema bislang nur mit Glacéhandschuhen angefasst wird, und daraus kann eine kollektive Lebenslüge entstehen. Dies ist ein Buch gegen Lebenslügen.

Man muss sich nur die Fakten noch einmal ins Gedächtnis rufen: Im Jahr 2000 kamen in Deutschland noch fast vier Erwerbstätige auf einen Rentner über 65; 2025 werden es weniger als zweieinhalb, 2075 kaum mehr als anderthalb sein. Die Entwicklung gibt es in allen Industrieländern, in China geht es sogar noch schneller, in den USA etwas langsamer. Die Jungbrunnen der Welt beschränken sich auf Indien, Afrika, Indonesien und wenige andere Regionen. Aber wenn wir es nicht erwarten wollen, dass sich die Kreativzentren auf der Erde vollständig verlagern, dann müssen wir reagieren. Noch eine Zahl: Fast ein Drittel unserer Bevölkerung wird 2050 älter als 65 sein. Das Gewicht der Alten steigt auch deshalb, weil gottlob unsere Lebenserwartung enorm wächst – bis 2080 um 13 Jahre für Männer und 11 Jahre für Frauen, die dann jeweils im Durchschnitt über 90 Jahre alt werden.

Die Entwicklung bedeutet, dass sich Erwerbs- und Familienbiographien ändern; sie hat Auswirkungen auf Wirtschaftswachstum, Zinsen, Städtebau. Es ist Quatsch, wenn man sie hauptsächlich unter dem Aspekt diskutiert, dass wir eine schrumpfende Nation werden. Die jüngsten Entwicklungen in Sachen Geburtenrate, Einwanderung und Zuzug aus EU-Ländern relativieren diese Erwartung ohnehin stark. Die wichtigste Auswirkung der demografischen Entwicklung ist nämlich eine andere: Sie bedeutet, dass Menschen in fortgeschrittenem Alter länger aktiv bleiben sollten – und das auch wollen. Das ist erst einmal eine durch und durch begrüßenswerte Entwicklung und nicht etwa ein Problem. Wir werden eine diversere Gesellschaft, auch in Sachen Altersschnitt. Und die Erfahrung sowie die Forschung zeigen, dass vielfältigere Gesellschaften kreativer sind. Wir müssen einfach nur für lebenslange Kreativität sorgen. Und uns um die Integration des Vielfältigen kümmern, auch in Sachen Generationen.

Aber können ältere Menschen kreativ sein? Unser Bild von Kreativität ist doch noch oft an die Jugend gebunden. Und es erscheint ja auch logisch: Geistige Unabhängigkeit, Beweglichkeit, auch räumliche, mehr produktive Auseinandersetzungen mit anderen Menschen und mehr Raum zum Ausprobieren – das erfahren wir insbesondere in den Zeiten von Bildung und Ausbildung und am Anfang unseres Arbeitslebens. Nach dem traditionellen Arbeitsmodell geht es Arbeitnehmern in den späteren Jahren ihres Berufslebens eher darum, gewonnene Positionen abzusichern, Erfahrung auszuspielen und auch individuelle persönliche Interessen nicht zu kurz kommen zu lassen. Wie bei den Stones: In den jüngeren Jahren schreiben sie ihre Hits, in den älteren variieren sie sie ein wenig und versilbern sie, indem sie damit regelmäßig auf Tournee gehen.

Natürlich ist es erstmal einfacher, kreativ zu sein, solange der Kopf noch nicht so voll ist, der Erfahrungs- und der Enttäuschungsschatz noch nicht so reich. Albert Einstein wird das Zitat zugeschrieben: »Wer bis zum 30. Lebensjahr keinen bedeutenden Beitrag zur Wissenschaft geleistet hat, wird es nie mehr tun.« Dass solches Denken nicht völlig von der Hand zu weisen ist, bestätigt auch Harold Bekkering, der Hirnforscher und Psychologe aus Nijmegen:

»Ich denke, je älter Sie sind, desto schwerer wird es, die Modelle in Ihrem Kopf zu ändern. Dann werden Sie nur noch Ihre Kreativität innerhalb eines existierenden Modells verfeinern. Man kann zwar sagen, dass es wirklich kreative Leute gibt, denen es gelingt, ein neues Modell zu bauen, wenn sie älter sind. Aber das ist wirklich schwer, weil existierende Modelle einen immer daran hindern werden.«

X

WIR KÖNNEN DIE BARRIEREN IM GEHIRN ÜBERWINDEN!

Zum Glück gibt es Forschungen, die zeigen, dass wir diese Barrieren im Gehirn eben doch überwinden können – aber eben auch überwinden müssen. Denn die Statistik zeigt dann doch, dass etwa ebenso viele Erfinder und Wissenschaftler ihre größte Idee erst mit Anfang 50 hatten, und nicht mit Mitte 20. Die Phase im Leben, in der Menschen in der Vergangenheit oft am kreativsten waren, liegt demnach statistisch zwischen 30 und 45. Und dieses Alter scheint sich in den letzten Jahren Stück für Stück nach hinten zu verschieben. Je älter unsere Gesellschaft wird, desto später können wir auch noch kreativ sein. Das hat natürlich auch mit ausgedehnteren Zeiten von Bildung und Ausbildung zu tun, ebenso wie mit dem späteren Eintritt in den Beruf.

Zwei US-Forscher haben sich in einer Veröffentlichung aus dem Jahr 2015 genauer angesehen, welche Menschen es sind, die sich mit neuen Ideen beschäftigen, wie alt sie sind und wie die Teams aussehen, in denen sie arbeiten. Mikko Packalen, Wirtschaftswissenschaftler an der University of Waterloo, und Jay Bhattacharya, Mediziner und ebenfalls Wirtschaftswissenschaftler aus Stanford, untersuchten das am Beispiel von Arbeiten aus der Biomedizin. Zunächst schauten sie auf die Erstautoren von Arbeiten, die durchschlagende neue Ideen enthielten. Diese hatten überwiegend zwischen einem und 15 Jahren Berufserfahrung. Die Untersuchung interessiert sich aber auch für das weitere Fortkommen dieser Ideen. Deswegen schauten die beiden Forscher auch auf die Teams, die zusammen mit den Erstautoren die genialen Einfälle weiterentwickelten. Und hier stellte sich heraus, dass zwischen 10 und 25 Jahren Erfahrung am vielversprechendsten sind. Erst das Zusammenspiel von jüngerem Erstautor und erfahrenen Mitarbeitern führte dazu, dass die neuen Ideen auch wirklich getestet wurden. Und noch eine weitere Erkenntnis: Je mehr Autoren mitarbeiteten, desto innovativer wurde das Ergebnis.

Man kann daraus zwei direkte Schlüsse ziehen: Für kreative Ergebnisse ist es erstens am besten, wenn Jüngere und Ältere gemeinsam in Teams arbeiten. Diese müssen allerdings zweitens so strukturiert sein, dass die Erfahrenen bereit sind, die Ideen der Berufsanfänger zu erkennen und weiterzuentwickeln. Die Ideen der Unerfahrenen sollten also unbedingt mit sehr offenen Ohren ernstgenommen werden – während wir Erfahrung nicht mehr als etwas verstehen sollten, auf dem man sich ausruhen kann. Sondern als etwas, das wichtig ist, um neue Ideen zum Erfolg zu führen.

Wenn das gelingt, muss die Vielfalt der Generationen durchaus keine Belastung sein, sie wird vielmehr ein Wettbewerbsvorteil bei der Kreativierung sein. Wer die Offenheit hat, sich weiter mit neuen Ideen zu beschäftigen (gerade wenn sie zuerst von Jüngeren eingebracht werden), dem gelingt es ohnehin leichter, auch im fortgeschrittenen Alter aktiv zu bleiben. Hirnforscher Bekkering sagt dazu:

»Wir wissen zum Beispiel, dass Dopamin und andere Neurotransmitter äußerst wichtig sind, um unser Verhalten zu motivieren. Typischerweise ist Dopamin mit einem Belohnungssystem im Hirn verbunden, aber interessanterweise funktioniert das auch mit neuen Informationen. Wenn Sie älter werden, verfügen Sie über weniger Dopamin. Aber das hängt wahrscheinlich auch damit zusammen, dass Ihr Streben nach neuen Informationen abnimmt. Man verlässt sich eben mehr auf existierende Information. Was Sie tun sollten, ist, sich weiter zu trainieren, wie wenn man eine neue Sprache lernt. Sie können nicht mit Ihren alten Modellen im Hirn eine neue Sprache lernen. Darum wird es auch schwieriger, im fortgeschrittenen Alter Sprachen zu lernen. Das Einzige, was man tun kann, ist sich selbst ständig mit neuen Umfeldern zu konfrontieren.«

So wie Bekkering (im Kapitel über das Gehirn) bereits empfohlen hatte, öfter mal seinen Musikgeschmack zu ändern, neue Genres auszuprobieren, zu experimentieren und sich auf Risiken einzulassen – so funktioniert doch ohnehin der lebendige, kreative Mensch, egal wie alt er ist: Er bleibt nicht stehen, sieht in Veränderungen nicht nur die Verluste, informiert sich über die Welt und ist jederzeit bereit, sich durch kulturelle Erfahrungen vor den Kopf stoßen zu lassen. Das mag alles auf den ersten Blick wie Ratgeberprosa klingen, ist aber gesellschaftlich in Wahrheit hochrelevant: Nur wenn wir Austausch, Information, Umgang mit Kultur in Organisationen und Firmen, in der Politik und im öffentlichen Raum sowie in Medien aller Art so halten, dass ebendies passieren kann, macht uns die demografische Zukunft auch als Gesellschaft lebendiger und nicht langweiliger.

X

DIE KREATIVITÄT VON JUNGEN UND VON ALTEN UNTERSCHEIDET SICH

Wir müssen zudem auch akzeptieren, dass es einen Unterschied zwischen der Kreativität der Jungen und der Kreativität der Älteren gibt – und dass beide Aspekte gleichwohl in den Zeiten der Kreativierung nötig sind. Es zählt eben nicht nur die spontane Heureka-Idee, sondern auch die beständige, kreative Weiterentwicklung derselben. Psychologe Bekkering sagt:

»Wenn Sie Künstler betrachten, dann bleiben die doch oft bei ihrem einmal gefunden Stil, und es gibt nur wenige wie Picasso, der seinen Stil alle zehn Jahre ändern konnte. Die Mehrheit ist doch eher wie Kandinsky oder Monet, die einmal ihren Stil begründeten und diesen dann später weiterentwickelten und verfeinerten. Die wollten ja auch nicht sich selbst wiederholen. Das war ja auf eine andere Weise auch sehr kreativ, wie sie gearbeitet hatten. Sie wollten immer perfekter werden. Aber das ist auch eine Form der Kreativität.«

Jeden Tag können wir Künstler, Denker, Wissenschaftler erleben, die bis ins hohe Alter geistig flexibel und intellektuell lebendig bleiben. Ein Beispiel ist der Filmemacher, Fernsehunternehmer, Autor und bildende

Künstler Alexander Kluge, der im Jahr 2018 86 Jahre alt wurde und immer noch wie im ganzen Leben seine Ansichten, Betrachtungen und seine Tätigkeiten ständig revidiert. Seine Arbeit besteht oft und immer noch darin, Erfahrungen (gern auch die anderer) aufzunehmen, neu zusammenzustellen und so etwas wirklich Einzigartiges entstehen zu lassen. Kluge selbst beschreibt seine Arbeitsweise in einem Interview der FAZ: »Diese Art von Fäden verfolgen, Texte verfolgen, etwas ausgraben. Heiner Müller hat mal gesagt, das Poetische heißt Sammeln. Meine Idole wären unter anderem die Gebrüder Grimm, die haben das ja nicht selber gedichtet.« Es kann etwas ganz Neues entstehen, auch wenn wichtige Zutaten schon da sind.

Die Rolle der Künstler für die Gesellschaft – und das kann man durchaus auf alle kreativen Menschen erweitern – vergleicht Kluge mit Pilotfischchen. Das sind winzige Fische, die um die Haie schwärmen und laut Kluge diesen Signale zur Navigation geben. So hat Kluge 2017 zusammen mit dem Fotokünstler Thomas Demand und der Bühnenbildnerin Anna Viebrock im venezianischen Palazzo von Miuccia Prada eine labyrinthische Kunstausstellung geschaffen, die die Grenzen zwischen Film, Fotografie, bildender Kunst, Bühnenbild und Architektur dermaßen sprengte, dass sie die parallel stattfindende monströse Kunst-Biennale ziemlich in den Schatten gestellt hat.

Wir müssen also unsere Idee von Kreativität ändern. Die Ideenkultur, die wir brauchen, soll lebenslang wirken. Der Popkultur ist es mühelos gelungen, sich von der Bindung an die Jugend zu lösen – das Prinzip Pop funktioniert mittlerweile in jedem Alter, und es gibt sowohl sehr junge Stars (Miley Cirus) wie uralte (Iggy Pop), die über Generationen hinweg funktionieren.

Und wir sollten uns von der tradierten Form der automatischen Altershierarchie lösen. Erfahrung hat ihren Wert, aber der Wert der Erfahrung ist nicht grundsätzlich größer als der Wert des jugendlichen Erfindergeistes. Es ist aus sozialen Gründen verständlich, dass Leute, die schon lange an einer Stelle arbeiten, einen Anspruch auf besseren Kündigungsschutz und ein höheres Gehalt haben im Vergleich zu solchen, die erst kurz dabei sind. Dass die Älteren quasi automatisch hierarchisch höher stehen müssen und dafür mit administrativer Verantwortung betraut werden, ist bisweilen schädlich. Auch für die Leute selbst – denn zu viel Organisieren hält vom Kreativsein ab, und auch vom glücklich sein. Es gibt Situationen, in denen sprudelnde Teams die Erfahrung und die Souveränität des Älteren brauchen, um funktionierende Ideen von Gehirngespinsten unterscheiden. Und es gibt andere Situationen, in denen es guttut, wenn ein junger Revolutionär festgefahrene Denkmuster in einem stagnierenden Team aufsprengt. Empathie ist in jedoch beiden Fällen essenziell.

Wir brauchen also altersgemischte Teams, so wie wir geschlechtergemischte, herkunftsgemischte und fachgemischte Teams brauchen, um kreativ zu sein. Und wir alle müssen lernen, neue Informationen interessanter zu finden als solche, die bestätigen, was wir schon vorher zu wissen glaubten.

x

WIE SEHEN DIE STRASSEN DER ZUKUNFT AUS?

Die demographische Entwicklung verlangt noch aus einem anderen Grund mehr Kreativität. Denn auch für die Lösungen all der hochkomplexen Fragen, vor die uns die alternde Gesellschaft stellt, brauchen wir neue Ideen: Wie sehen die Häuser, Straßen, Läden, Theater und Apps der Zukunft aus, die auch 90-Jährigen noch ein lebendiges Leben ermöglichen? Wie funktioniert Pflege, wenn es mehr pflegebedürftige Alte gibt als pflegefähige Junge? Wie konstruieren wir Exoskelette, mit denen ein 100-jähriger Rockstar noch vom Verstärkerturm auf die Bühne springen kann?

Zu Ende ihres Konzerts spielen die Stones natürlich noch »I Can't Get No (Satisfaction)«. Sie wissen schon, wofür die Leute bezahlt haben. Aber wirklich, es fühlte sich in dieser Sekunde an, als sei der Song erst gestern geschrieben worden. Und als der Abend vorbei ist, hat sich eine fast feierliche Ruhe über das Olympiastadion gelegt. Werden die Stones in drei, vier, fünf Jahren vielleicht doch noch einmal wiederkommen, auch wenn Jagger dann über 80 ist? Werden genau die gleichen Besucher wie heute Abend im Publikum sein? Oder wagen die Stones einen völlig überraschenden kreativen Bruch und präsentieren das nächste Mal in Kollaboration mit einer 20-jährigen Rapperin einen neuen Sound und gewinnen damit junge Hörer dazu? Diszipliniert bewegen sich die Massen zum S-Bahnhof. Tribünen auseinandernehmen will hier heute niemand mehr. Noch nach einer halben Stunde Fahrt am Alexanderplatz kann man die Stones-Besucher von den normalen Berliner Abendfahrgästen unterscheiden. Sie haben so etwas Seliges in ihren Minen.

8. WIE KREATIVITÄT BULLSHIT ÜBERWINDET

WIE KREATIVITÄT BULLSHIT ÜBERWINDET

Die Disruption hat eine großartige Karriere hinter sich. Vom »Wirtschaftswort des Jahres 2015« hat es die große Zerreißung zum übermächtigen Menetekel der deutschen Wirtschaft gebracht. »Die Gegenwart wird nicht bleiben, sie wird untergehen«, warnte mit dräuendem Unterton der langjährige Handelsblatt-Herausgeber Gabor Steingart bei einer Konferenz zum Thema. Als verstehe es sich nicht von selbst, dass die Gegenwart demnächst vorbei ist.

Aber drohender Untergang macht sich einfach zu gut, wenn es um die deutsche Wirtschaft geht. »Du musst die Schmerzen des Wandels zulassen und aushalten«, verlangt Christoph Keese in seinem Buch »Silicon Germany«. Keese, der Karrieren als Journalist und Konzernlobbyist bei der Medienfirma Axel Springer hinter sich hat, baut nun unter dem Dach derselben eine Beratungsfirma auf, mit der er deutschen Firmen gegen Geld ins Hinterteil zu treten beabsichtigt. »Nur Höchstleistungen berechtigen zum Bleiben. Wer nicht zu den Besten gehört, muss gehen.« Solche banaldarwinistischen Botschaften zählen schon lange zur Standardprosa von Beratern, die versuchen, simpel gestrickte potenzielle Kunden nicht mit allzu hoher Realitäts-Komplexität abzuschrecken. Vermutlich deshalb steht (neben vielen durchaus richtigen Überlegungen) derlei am laufenden Meter in Keeses Buch. »Das Festmahl der Disruption findet auf jeden Fall statt. Offen ist nur, ob Sie mit am Tisch sitzen oder den Braten abgeben.«

Genüsslich zitieren längst auch Festredner von Provinz-Handelskammern heutzutage den liberalen Ökonomen Joseph Schumpeter, der die schöpferische Zerstörung als Energiequelle des Kapitalismus beschrieb. Ein Begriff und eine Denkfigur, die er ursprünglich bei Karl Marx entliehen hat. Der Österreicher sprach im Sound des 19. Jahrhunderts »vom Geschrei der Zermalmten, über die die Räder des Neuen gehen«. Und diesen Sound der Unausweichlichkeit mögen viele offenbar gerade wieder gerne hören.

Zudem findet die gigantische Zermalmung scheinbar längst statt. Die »Frankfurter Allgemeine Sonntagszeitung« zitierte neulich eine Stellenanzeige: »Ready to disrupt? Dann komm zu uns«. Und ein deutscher Minister hat in einem Buch zur Flüchtlingskrise gar festgestellt: »Wir erleben eine Disruption des Staates.« Würde das stimmen, wo wäre er dann Minister? Die Disruptionsrhetorik sei reine Selbstbeschäftigung geworden, notierte schon 2017 gallig der *Economist*. »Die Wahrnehmung einer Disruption mit ihrem Versprechen, den Status quo zu zerstören und dann zu erneuern, ist der größte Modeeinfall der Weltwirtschaft seit der Schnapsidee von den Emerging Markets vor über einem Jahrzehnt.«

Die Botschaft von Keese und anderen lautet ungefähr so: Von den USA ausgehend, durchkreuzen neue Angebote Geschäfte, die jahrzehntelang stabil waren. Eine Firma, die eine App hat, aber keine Autos, macht die Taxis obsolet. Händler, die nicht einmal über Warenlager verfügen, machen den Warenhäusern den Garaus. Ein paar Jungs, die eigentlich nur Luftmatratzenlager in Wohnzimmern für Übernachtungsgäste anbieten wollten, machen den Hotels das Leben schwer. Und das neue Fernsehen hat nicht mal eine Antenne. So, sagt die Droherzählung, wird es immer weitergehen, Branche für Branche, Firma für Firma, Disruption ist ein Stellungskampf. Die alarmistische Botschaft an die deutsche Industrie lautet immer: Morgen schon können Siemens, Deutsche Bank, Volkswagen oder Bayer von irgendwelchen Garagen-Milchbubis hinweggefegt werden. So wie in den USA Kodak, die Videoverleihkette Blockbuster oder der Buchhändler Barnes&Noble.

X

NEUE GESCHÄFTSMODELLE GIBT ES NICHT ERST SEIT NEUEM

Es ist ja durchaus etwas dran an der Sache. Und die Beispiele sind auch alle völlig richtig, es handelt sich in vielen Fällen um wirklich kreative, neue Geschäftsmodelle. Viele Firmen in Deutschland, besonders jene der Automobilindustrie, müssen sich zu Recht fragen, ob ihnen das Schicksal von Kodak droht – und sie fragen sich das gottlob auch. Ja, digitale Geschäftsmodelle können Unternehmen über den Haufen werfen. Und neue Ideen können diejenigen Firmen ins Abseits schicken, die selbst keine Ideen haben. Vielleicht ging das früher alles ein bisschen langsamer – aber war es jemals wirklich anders?

Wir jedenfalls halten das unreflektierte Dauergerede von der Disruption dennoch für zu banal – und für ablenkend. Erstens verstellt es den Blick darauf, was wirklich geschieht. Es gibt zwar die immer wieder erzählten Geschichten von Kodak & Co. Doch in den meisten Branchen haben die digitale Wirtschaft und die Macht von Google, Apple, Facebook und Amazon selbst in den USA nicht jenen Einfluss, der ihnen in jenem Narrativ zugeschrieben wird. Die allermeisten traditionellen Unternehmen des Dow Jones zum Beispiel sind in den Jahren der angeblichen Disruption – sowohl in den Augen der Investoren als auch beim Profit – nicht schwächer, sondern stärker geworden. Bisher sind sechs Industriezweige wirklich »disrupted« worden: Musik, Videoverleih, Bücher, Taxis, Tageszeitungen, Versandhandel. Und es werden bestimmt noch ein paar weitere hinzukommen. Facebook und Google hingegen haben kreativ komplett neue Sparten erfunden. Das heißt: Bislang betrifft die wirkliche Disruption eben nur kleinere Teile der Gesamtwirtschaft. Das rettet noch nicht den großen Rest, verschiebt aber den Blick auf die Dimensionen etwas. Noch einmal der *Economist* zu den klassischen Großunternehmen:

»Viele Traditionsbranchen verfügen über hohe Eintrittsbarrieren. Zwei der größten, die Banken und die Gesundheitsindustrie, sind von großen Regulierungszäunen umgeben. Zudem sind bestehende Großunternehmen längst in das Spiel eingestiegen. Die meisten Giganten, von Walmart bis zu General Electric, haben ihre eigenen Digital- und Ecommerce-Abteilungen. Amerikas Traditionsunternehmen geben fünfmal so viel Geld für Forschung und Entwicklung aus wie die fünf großen Tech-Unternehmen.«

Für die deutschen Konzerne, aber auch für viele Mittelständler hierzulande, gilt das Gesagte umso mehr. Die Erzählung lautet dennoch unablässig: Hier steht ein überkommener, fauliger Torso, den die frechen Disruptoren per Fingerschnips zum Einsturz bringen werden. Das trifft es einfach nicht. Und übrigens: Kodak ist zwar weg, aber Fujifilm, Nikon, Canon geht es recht gut. Traditionsfirmen können durchaus gegen Disruptoren bestehen, wenn sie weiter mit die Zeichen der Zeit in ihr Handeln mit einbeziehen.

Wir wollen hier auf keinen Fall missverstanden werden. Die neuen, unübersichtlichen Konkurrenzverhältnisse und die Tatsache, dass Größe heute genauso schnell Nachteil wie Vorteil sein kann: Beides stellt Traditionsfirmen vor viele Grundsatzfragen. Wenn sie sich nicht in ihren Strukturen wandeln und wenn sie nicht anders auf ihre Märkte und Kunden blicken, werden es viele schwer haben. Aber das bedeutet eben nicht immer Disruption. Das würde ja heißen: Das Geschäftsmodell ist hin und wird durch ein neues ersetzt. Die Gefahr droht hier und da, aber längst nicht überall. Mit dem, was wirklich droht, kann man sich allerdings nur auseinandersetzen, wenn man präzise auf das blickt, was sich da vollzieht.

Und hier kommt der zweite Aspekt zum Tragen. Die Funktion, die die Disruptionsrhetorik hat. Wir haben bereits unsere Vermutung darüber geäußert, warum Berater sie besonders gern benutzen. »In der Regel kommt die Entwicklung nicht mit Lichtgeschwindigkeit«, führt Kai Görlich aus, der bei SAP die Position des »Chief Futurist« bekleidet. Man müsse das

Disruptionsgefasel als das benennen, was es ist: Marketing. »Es geht darum, Angst zu machen: ,Wenn ihr jetzt nicht einsteigt, werdet ihr überholt.'« Die Drohung geht oft genug nach hinten los. Denn die Reaktion darauf sei häufig: Festhalten am Alten und die Klage, dass alles viel zu schnell gehe. Oder teurere, nicht auf die individuellen Bedürfnisse vieler Firmen hin konzipierte IT-Großprojekte, die in erschreckend vielen Fällen nach zwei bis drei extrem anstrengenden Jahren scheitern wie ein Hauptstadtflughafen. Zu viel Furcht verhindert nun mal Kreativität. »Wenn ich angstgetrieben auf die Disruption schaue, nehme ich Chancen nicht mehr wahr«, erklärt Görlich der *Stuttgarter Zeitung*. Nicht alle technologischen Veränderungen seien revolutionär.

x

IN DEN SCHLAGZEILEN: 10 ERFOLGSGESCHICHTEN VON DISRUPTOREN. NIRGENDWO SICHTBAR: DIE 100 000 GESCHICHTEN OHNE HAPPY END.

Der Mythos von der Disruption versucht, das neue Modell des Angreifers generell als das Bessere zu markieren. Das wird sich demnach naturgesetzartig durchsetzen, wenn die Mannschaften der Verteidiger des Ewiggestrigen erst geschlagen sind. Beispiel: Der Kampf von Uber gegen die Taxis. Das Taxigeschäft ist in den meisten Weltgegenden von einem Wust überkommener Regulierungen bestimmt, von denen viele keine Berechtigung mehr haben in Zeiten, in denen bald ohnehin Autos ohne Fahrer die Leute hin und her kutschieren können. Heißt das automatisch, dass das Modell von Uber die Lösung ist? Denn manche Regel hat durchaus ihre Berechtigung: Verlässliche Fahrpreise, die der Anbieter nicht binnen Minuten verdoppeln kann, Privilegien beim Halten im fließenden Verkehr sowie Mindestlöhne und ein gewisser Schutz für Fahrer – jedenfalls solange es sie noch gibt. Wird es ohne all das besser gehen? Mehr und mehr Städte und Länder verbieten plötzlich das Uber-System. Einige auf Druck einer starken Taxi-Lobby, andere aus nachvollziehbaren wettbewerbs- bzw. sozialpolitischen Gründen. In Wahrheit ist es immer ein offener Kampf. Was sich am Ende durchsetzt: mal sehen.

Die Zahl der gescheiterten Disruptoren ist Legion. Nur spricht niemand über sie, weil wir viel lieber Erfolgsgeschichten hören. Im Fall der Taxis, wo es um Regulierungen geht, hängt der Ausgang des Kampfes viel von demokratisch legitimierten Entscheidungen ab. Die Rhetorik von der Disruption unterstellt aber, dass es keine Wahl gibt. Dass die Schlachten schon geschlagen sind, wenn sie beginnen. »Disruption ist ein eher unscharfer und, wie mir manchmal scheint, sogar ziemlich begriffsloser Begriff«, erklärt der Wirtschaftsphilosoph Wolf-Dieter Enkelmann. »Man bekommt das Phänomen, das man mit ihm zu bezeichnen meint, definitorisch nicht recht zu fassen, wie oft man ihm in den Medien auch begegnet.«

Ja, wir müssen uns alle ändern. Aber es gibt keinen Zwang, sich in eine bestimmte Richtung zu ändern, sich bestimmten Phänomenen zu ergeben oder die Waffen zu strecken, weil man angeblich einer Traditionsindustrie angehört. Platt vereinfacht gesagt: Wir müssen nicht alle wie Google werden. Und die baldige Weltherrschaft von Google ist auch kein Naturgesetz. Wie geht es eigentlich heute Yahoo?

Wir wehren uns hier zwar gegen den Propagandabegriff, aber wir sagen nicht, dass Disruption als wichtiges Phänomen nicht existiert. Doch, es gibt sie: Auch wenn man sie definiert als weitgehendes Verschwinden von etwas Altem zugunsten von etwas Neuem, das aus dem Nichts kommt. Das ist in manchen Fällen ganz großartig! Aber sie ist beileibe nicht das Allheilrezept für alle Branchen und für alle Unternehmen, und deshalb hat sie nicht überall Erfolg. Die Welt ist eben nicht so einfach und so eindimensional, wie uns manch Schauredner einreden mag.

Die Kreativierung hingegen kennt viele verschiedene Formen des Status quo – und reagiert darauf mit ebenso vielen Formen der Veränderung.

Das kann kluges, schrittweises Optimieren bedeuten, das kann beherztes Weitererfinden sein, mal das Aufgeben einer bisherigen Verhaltensweise oder sogar eines bestehenden Geschäftszweiges. Aber eben oft auch eine unerwartete Kehrtwende mit einer völlig neuen Idee.

x

MUSS EIN PRODUKT SCHON GANZ FERTIG SEIN, WENN ES AUF DEN MARKT KOMMT?

Und damit zurück zur deutschen Industrie. Wir haben es an früherer Stelle in diesem Buch als eine Art Achillesferse der deutschen Wirtschaft bezeichnet, dass unsere Unternehmen schon sehr lange mehr Erfahrung mit Optimieren und Perfektionieren haben als mit dem Erfinden von völligen Neuheiten. Wir sind die Weltmeister des Weiterwurstelns auf höchstem Niveau. Ein Graus hingegen sind vielen Stammtisch-Managern Innovationen, die erst halb- oder dreiviertelfertig sind, wie das iPhone bei seinem ersten Erscheinen. Komisch: Apple hat es mit dieser zunächst noch unfertigen Innovation in nur wenigen Jahren geschafft, dass mittlerweile Milliarden von Menschen mit eben jenen Geräten oder mit ihren Klonen von Samsung und von Huawei den größten Teil ihres Lebens verbringen.

Diesen Innovations-Vorbehalt haben wir in Deutschland schon lange. Als 1955 der berühmte Citroen DS mit seiner unendlichen Zahl an Technikinnovationen und seinem revolutionären Design die Autowelt verzauberte, da ließen sich recht bald auch die Techniker bei Mercedes-Benz das angebliche Sensationsauto kommen, schließlich waren sie in ihrem Selbstverständnis die besten Autobauer der Welt. Und sie rümpften die Nase: Türen, die nicht satt schlossen, ein Motor, der rüttelte, die hydropneumatische Bremse, die man sehr sensibel dosieren musste. Wenn man zeitgenössische Berichte liest, muss es sie wahrhaft geschaudert haben. Und sie bauten weiter Schritt für Schritt optimierte Technik in Schritt für

Schritt weiterentwickelte Karosserien ein, mit Erfolg. Bei Volkswagen sind sie sogar manchmal stolz darauf, nicht der first mover zu sein, sondern Technologien und Konzepte erst dann einzuführen, wenn sie sich wirklich bewährt haben. Der passende Werbeclaim – sowohl von VW als auch von Persil genutzt – wird zwar schon seit einigen Jahren nicht mehr verwendet, beschreibt aber die Produkterwartung, die man hierzulande lange pflegte, perfekt: »Da weiß man, was man hat.«

Wir bekräftigen unsere These trotzdem: Wir müssen bessere Erfinder werden – auch um den Preis, dass wir unsere berühmte Perfektion ein wenig zurückfahren. Erst einmal ausprobieren ist im kreativen, aber auch im wirtschaftlichen Prozess eben manchmal besser, als alles gleich ganz zu Ende entwickeln. Wir erinnern uns mit Schaudern an die Programme auf dem Nokia Communicator, die zwar irgendwie funktionierten, aber nie upgedated oder weiterentwickelt wurden, bis das iPhone mit seinen App-Updates dann zeigte, wie es besser geht. Nehmen wir zum Beispiel die App der deutschen Bahn. Sie wurde Schritt für Schritt von einer mediokren Bahn-Auskunfts-App zu einer guten, bald mit integriertem Ticketschalter, dann mit Wagenstandsanzeiger, dann mit Verspätungswarner, jetzt mit Selbst-Check-In und mit Carsharing-Türöffner. Nicht immer funktionierte gleich alles richtig, aber das System bietet eben bewusst die Möglichkeit, Fehler schon am nächsten Tag zu erkennen und zu lösen. Apple hat mit dem AppStore das Always-Beta-Prinzip zum neuen Standard der modernen Wirtschaft gemacht.

Dieses Prinzip hat sich in Deutschland noch nicht in der Breite durchgesetzt: Wir reden hierzulande seit über zehn Jahren von Industrie 4.0 und päppeln das Ganze mit zahlreichen staats- und industriefinanzierten Initiativen. Experten warnen aber inzwischen, dass in Sachen Produktionsvernetzung in anderen Ländern praktisch längst viel mehr passiert, weil wir in Deutschland zu oft noch alles erst einmal fertig konzipieren wollen. Der Volkswirt und Start-up-Berater Andreas Barthelmess hat unsere strukturellen Defizite in einem Aufsatz in der *Zeit* gut zusammengefasst:

»Was uns fehlt, sind postindustrielle Unternehmen, die die Werte und Stärken europäischer Kultur ausstrahlen. Statt den Weg für digitale Ikonen zu bereiten, denken wir Digitalisierung als Infrastrukturprojekt. Hauptsache, wir können wieder Glasfaserkabel einbuddeln.«

Und weiter:

»Wir glauben an kontinuierlichen Fortschritt, Zertifizierung und TÜV. Wir haben nicht das kollektive Selbstvertrauen der Amerikaner – und schon gar nicht einen gesellschaftlich akzeptierten Größenwahn, bei dem das ständige Verschieben von Grenzen zum stolzen Gründungsmythos gehört und Identität stiftet.«

Barthelmess benennt hier unerbittlich die Schwächen, aber nicht nach Art der Disruptionsprediger. Denn er führt auch gleichzeitig die Stärken und Möglichkeiten auf, die sich strukturell ergeben würden, wenn uns ein gewisser Mentalitätswandel gelänge. Sicherheitsdenken, Skepsis gegenüber Größenwahn, Optimierungswille – das sind ja keine an sich schlechten Eigenschaften und auch nichts, was neue Ideen grundsätzlich hemmen muss. Auf vielen Feldern kann Evolution ohnehin erfolgreicher funktionieren als Revolution – und wir sind nun mal hierzulande eher die Experten für industrielle Evolution.

Doch Perfektion kann heute kein Dogma mehr sein. Und Bedenken aller Art dürfen keine Ausrede sein, um eine neue Idee, sobald sie erstmals ausgesprochen wird, im Keim zu ersticken. Natürlich kann die stetige Verbesserung des Bewährten für viele Firmen Teil des Geschäftsmodells bleiben. Sie darf nur kein Selbstzweck für selbstreferenziell denkende Techniker mehr sein. Es ist ein Fehler, wenn wir – wie Keese und andere – permanent verlangen, die amerikanische Größenwahn-Mentalität, von der Barthelmess spricht, sei ohne Abstriche und bei Strafe des Verarmens sofort zu übernehmen. Es würde kein europäisches Erfolgsmodell daraus. Die Regeln und die Segnungen der Konsensgesellschaft sind in der Mentalität hierzulande tief und fest verankert. Und die Kunden auf unseren Stammmärkten sind nun mal eher konservativ.

X

EVOLUTIONÄRE GEGEN REVOLUTIONÄRE – WER GEWINNT DIE AUTOSCHLACHT?

Das spannendste Match zwischen Disruptoren und Traditionsindustrien, zwischen Amerikanern und Deutschen mit ihrer jeweiligen Mentalität, zwischen einem genialen Egomanen und komplizierten Entscheidungsgebilden, in denen ohne die IG Metall nichts geht, findet seit Jahren auf dem Feld der Autoindustrie statt. Wie oft ist schon beschrieben worden, dass sich die deutschen Autobauer ins Abseits manövriert haben, weil sie in ihren alten Geschäfts-, Produktions- und Technikmodellen verfangen sind? Wie oft wurde gepriesen, wie Tesla mit vermeintlich simpler Batterietechnologie und großem Ehrgeiz ausgerechnet die sich unangreifbar wähnenden Premium-Hersteller überholt hat?

Dann ging es wieder in die andere Richtung: Teslas riesige Produktionsprobleme und damit verbundene Terminverschiebungen, der Autopilot, dem man noch nicht in allen Lebenslagen vertrauen kann, und ein Firmenchef, der mit einer einzigen Geste (oder einem Joint, den er bei einer Pressekonferenz raucht ...) ein paar Milliarden an Börsenwert vernichtet. Die Elogen auf Elon Musk sind im Kern ebenso wenig falsch wie die ätzenden Berichte über die Probleme im Alltag von Tesla. Manches hört sich vielleicht schon wieder so kleinlich an wie das Verdikt der Daimler-Leute über den Citroen DS. Aber es lenkt gleichzeitig den Blick darauf, wie sehr der bisherige Erfolg von Tesla von der Story lebt, dass sie zwar in Sachen Geld verdienen noch nichts bewiesen haben, sie dabei aber deutlich vor den ersten deutschen Herstellern konsequent ein Auto entwickelt haben, das viel früher weitaus besser, weiter und schneller elektrisch fahren konnte als alles, was im Rest der Welt bisher auf den Markt gebracht wurde.

Als Tesla in den letzten Jahren Schwächen zeigte, begann die Gegenseite zu erwachen: Die Deutschen haben zunächst zu Recht die Elektro-Angsthasen-Prügel kassiert. Aber sie haben sich nun, zumal nach dem Diesel-Desaster aufgemacht, den Rückstand aufzuholen. Nun beginnt endlich die Zeit, in denen sie mehr und mehr schnelle, schöne und bald auch reichweitenstarke E-Autos auf den Markt bringen. Wiederum mit besseren Spaltenmaßen und mit besserer Straßenlage als die Amis.

Beide Seiten spielen im Kampf ihre Vorteile aus: Die Deutschen ihre Erfahrung bei Fahrwerksbau, Verarbeitung, Materialanmutung, Produktionsorganisation und Markenpflege. Die Amerikaner ihre Geschwindigkeit, ihre Ambition und ihr Vermögen, Börsenkapital zu mobilisieren. Den Deutschen hängt ihre Tradition und Erfahrung schwer in den Knochen, sie müssen permanent die immense Maschinerie des alten Geschäfts am Leben halten, weil es das Geld liefert, um das Neue zu finanzieren. Bei den Amerikanern kommt das Geld aus dem Vertrauen der Börse, aber die mangelnde Tradition und Erfahrung macht ihnen zunehmend größere Probleme.

Derzeit ist der Spielstand unentschieden. Wir würden nicht vorhersagen wollen, wer gewinnt. Wer den Disruptionsfibeln Glauben schenkt, hat bestimmt eine klare Meinung darüber. Aber – und hier endet die Analogie zum Spiel – das Bild vom Endkampf, das deren Apologeten immer ausrufen, stimmt eben nicht. Es könnte auch sein, dass beide Seiten überleben. Oder keine von beiden, etwa weil ein ganz neuer Player aus einem anderen Teil der Welt den Markt aufrollt.

x

MEDIAMARKTSATURN – KREATIV EBEN NICHT NUR IM INTERNET

Der Marktbetreiber MediaMarktSaturn steht als Elektronikhändler längst im Zentrum einer fast ebenso großen Schlacht. Jahrelang war die Kette mit den riesigen vollgestellten Läden in einer traumhaften Position: Der größte Konkurrent von Media Markt (kommunikativ betreut von unserer Agentur

Zum roten Hirschen) war die Schwesterfirma Saturn und andersherum. In jeder Region schafften die Marktbetreiber mit immenser Werbepower die Illusion, sie seien unbedingte Preisführer. Bis zu dem Moment, als die Leute auch ins Internet zu schauen begannen, wenn sie eine Waschmaschine oder einen Fernseher kaufen wollten. »Vor fünf bis sechs Jahren ist ein Fokus auf das Thema Preis gekommen, den wir in dieser Dimension selber nie so erwartet hatten«, bekennt Alexander Ewig, der Chief Marketing Officer des Handelsriesen im Gespräch. War das schon die berühmte Disruption der Disruptoren? Jahrelang hatten Media Markt und Saturn mit gezielten Angeboten lokale Konkurrenten plattgemacht. Waren sie nun selber dran, an die Wand gedrückt von Amazon, idealo und Co.?

MediaMarktSaturn ist das gute Beispiel eines Platzhirschs, der in die Verteidigungshaltung geriet. Natürlich findet die Verteidigung auch digital statt – im Internet versucht der Anbieter inzwischen in puncto Preis wettbewerbsfähig zu bleiben. Aber das war nicht das Entscheidende. Man glaube weiter an den stationären Handel, sagt Ewig. Aber nicht mehr so wie bisher. MediaMarktSaturn musste kreativ werden. »Wir waren positioniert wie ein Discounter«, sagt der Marketingchef. Diese Anmutung musste weg. »Wir mussten das Thema Service fokussieren und weiter ausbauen«. Das Unternehmen nimmt laut Ewig viel Geld in die Hand, um Verkäufer und besser zu schulen und zu qualifizieren.

Ein zweiter Ansatz hat als weiteres Beispiel eine noch größere Dimension: Die Verantwortlichen mussten eine neue Idee vom Laden entwickeln, sie waren und sind bereit, vieles auszuprobieren. Das, was dabei entstand, gab es außerhalb noch nicht. Ein Geschäft entstand in Barcelona, es sieht aus wie der kühne Bruch mit allem, was wir uns von einem Geschäftslokal vorstellen. Es gibt nämlich hier keinerlei Ware, sondern riesige Videoleinwände. Ewig nennt es eine Art »begehbare App«. Die Kunden können an riesigen Touchscreens alle Artikel betrachten, alle Informationen abrufen und auch kaufen und zur Kasse gehen. Zwei weitere Läden entstanden in Antwerpen und Eindhoven, sie sind etwas konservativer – wurden aber zu Prototypen für die künftigen Lokale der Kette erklärt. Die Hallen sehen nicht mehr aus wie ein vollgestapelter Aldi, sondern wie eine Art Markthalle. Für jede Artikelkategorie gibt es einen Pavillon. Da, wo es Föhns gibt, gibt es auch einen Frisör. Bei den Kaffeemaschinen werkelt ein Barista. Und bei den HiFi-Anlagen ein DJ. »Seitdem gehen die Kundenfrequenzen hoch«, berichtet Ewig. Bei begrenzten Investitionen.

Auch hier ist die Schlacht noch nicht geschlagen. Aber MediaMarktSaturn zeigt, dass auch ein verhältnismäßig traditionelles Unternehmen der vermeintlichen Disruption nicht etwa ausgeliefert ist, sondern mit Kreativität reagieren kann.

x

JEDEM SEIN EIGENER WEG ZUR VERÄNDERUNG

Kleine Verbesserungen mögen nicht immer so sexy sein wie der große Knall – aber weniger kreativ sind sie deshalb noch lange nicht. Erst wenn wir den Tanz um das goldene Disruptions-Kalb beenden, werden wir genau darauf schauen können, was sich in welchen Wirtschaftssegmenten wirklich tut. Und wir können unseren eigenen Weg zur Veränderung suchen. Der, wenn er ein deutscher Weg ist, unter Umständen die alten und manchmal geschmähten Tugenden neu nutzbar machen kann: Perfektion, Präzision, Sicherheit sind gute Sachen und weiterhin gute Verkaufsargumente, wenn sie nicht zum Selbstzweck werden. Ausprobieren, Kühnheit, Unbekümmertheit werden aber in Zukunft ebenso wichtig sein. Wer es schafft, beide Seiten zu vereinen, kann selbst die glitzerndsten Disruptoren schlagen.

Die wichtigste Lehre dabei ist, dass das Feld immer offen ist. Endkämpfe, unausweichliche Entscheidungssituationen, die Konfrontation des Alten mit dem Neuen – diese Geschichten erzählen sich die Menschen nicht erst seit ein paar Jahren gern, sondern schon seit Menschengedenken. Und das Gute ist: Die Zukunft bietet kreativen Menschen, kreativen Unternehmen und kreativen Staaten seither immer mehr als eine Möglichkeit.

9.

KREATIVITÄT AN DIE MACHT: DEUTSCHLAND BRAUCHT EIN KREATIVITÄTS-MINISTERIUM

KREATIVITÄT AN DIE MACHT: DEUTSCHLAND BRAUCHT EIN KREATIVITÄTS-MINISTERIUM

Der Mann war ein typischer Fall für die Leute im Sozial- und Gesundheitsamt: Seit über 15 Jahren arbeitslos, krank, schwer vermittelbar. Und am Anfang war er auch nicht besonders kooperationsbereit. Als die Behördenmitarbeiter dann aber doch einen Job für ihren Klienten fanden, sahen sie das als Beweis, dass ihre Mühen nicht aussichtslos sind. Der Mann wollte arbeiten. Und die Beschäftigung gefiel ihm sogar. Endlich wieder ein abgehakter Fall in der Kartei, so schien es – bis den Sachbearbeitern zu Ohren kam, dass der Kandidat trotz allem nicht zu seiner Schicht bei der Müllverwertung von Kolding erschienen war.

Die Leute in der Behörde gaben an dieser Stelle immer noch nicht auf. Sie forschten stattdessen nach. Es stellte sich heraus: An der Motivation ihres Klienten hatte sich nichts geändert. Allein, er litt unter einer ausgeprägten Soziophobie, die es ihm unmöglich machte, morgens in den Bus zur Arbeit zu steigen.

Also setzten sich die Behördenvertreter wieder zusammen, dieses Mal gemeinsam mit den Leuten vom Arbeitsamt. Ergebnis: Die Stadt kaufte dem Langzeitarbeitslosen einen Motorroller. Die Begründung: »Wäre der Mann wieder in der Arbeitslosigkeit oder der Gesundheitsversorgung gelandet, wäre das für den Steuerzahler um ein Vielfaches teurer, als die einmalige Ausgabe für den Roller«, sagt Anne Schødts, die Leiterin des Sozial- und Gesundheitsamts in Kolding. Es ist eine Geschichte mit Happy End: Der ehemals chronisch kranke Langzeitarbeitslose arbeitet jetzt schon seit Jahren bei der Müllfirma. Und es ist eine Geschichte, die zeigt, was kreative Bürokratie bewirken kann.

Vor allem aber zeigt sie, warum auch wir in Deutschland schleunigst kreative Bürokratie brauchen. Wenn sie das in Kolding können, dann geht es auch bei uns im ganzen Land.

Kolding ist eine Stadt in Jütland im Süden Dänemarks. Sie ist weder groß noch klein, weder arm noch reich. Gut 90 000 Einwohner zählt die Großkommune mit Umlandgemeinden, im alten Hafen dümpeln ein paar Freizeit-Segelboote. Das Stadtzentrum wirkt abends ausgestorben. Auf den ersten Blick nichts Besonderes. Aber in Kolding sind Dinge möglich, die anderswo nicht möglich sind, insbesondere, wenn es um die öffentliche Verwaltung geht. Und dadurch wird das unscheinbare Städtchen für uns zum Vorbild.

Man stelle sich nur einmal vor, ein Behördenmitarbeiter in Deutschland hätte die Idee mit dem Motorroller aufgebracht. Hätten sie ihn in der Verwaltung gleich für verrückt erklärt oder erst einmal belächelt? »Keine Rechtsgrundlage!«, hätten sie wahrscheinlich laut gerufen. Und dann: »Budget!!!« Die Headline in den Medien braucht man sich gar nicht erst besonders fantasievoll auszudenken: »Sozialamt kauft Faulenzer Motorroller« ... Da würde ja jeder kommen können und eine Vespa vom Amt verlangen! Hierzulande hätten Arbeitsamt, Sozial- und Gesundheitsbehörde einander wahrscheinlich so lange Aktenvermerke hin- und hergeschrieben, bis der Fall versandet und der Mann verfrührentet ist.

Kolding jedoch nennt sich seit 2012 Design-Stadt. Der Titel war eine Reaktion auf eine veritable kollektive Identitätskrise. Die alte Hafenindustrie war verschwunden, aber obwohl Hochschulen und Dienstleister die Lücke ganz gut gefüllt hatten, wollten sich Neubürger und Unternehmer nicht wirklich mit Begeisterung ansiedeln. Die Stadtverantwortlichen suchten also ein neues Leitbild für ihre Gemeinde. Wenn Stadtväter derlei

Probleme haben, läuft es normalerweise so: Sie lassen sich von einer Agentur Slogans entwickeln und wählen dann den aus, der der Familie des Bürgermeisters am besten gefällt; oder sie engagieren einen Stararchitekten, der ihnen eine schicke Stadthalle baut. Kolding hingegen wollte es anders machen. Der Gemeinderat entschied sich für Bürgerbeteiligung und lud ein, mehr als 500 Bewohner kamen in eine Halle, diskutierten sich die Köpfe heiß und votierten schließlich für die Idee »City of Design«.

Und dann beschlossen die Stadträte, die Verwaltung der Kommune von Grund auf umzubauen. Und zwar nach dem Design-Prinzip.

x

EINE STADTVERWALTUNG MACHT DESIGN THINKING

Was aber hat bitte aber eine Wiedereingliederungsmaßnahme des Sozialamts mit Design zu tun? Das ist, zumindest in Kolding, genau der Punkt. Denn sie wollten nicht Äußerlichkeiten verändern, sondern Strukturen. »Für uns ist Design ein Prinzip«, sagen die schlauen Koldinger Stadträte seitdem. Deshalb heißt der Stadtslogan, der seit 2012 gilt, übersetzt »We design for live«.

Und er wird wahrlich gelebt! Der Gedanke: Die Vorgehensweise des »design thinking«, die auch unsere eigenen Beratungsagenturen seit ein paar Jahren erfolgreich für gemeinsame Innovationsprozesse mit unseren Kunden einsetzen, lässt sich doch tatsächlich in abgewandelter Form auch zur Erneuerung des öffentlichen Dienstes und zur Neuerfindung ermüdeter Gemeinden anwenden!

Zu den Prinzipien des Design Thinking zählen absolute Nutzerzentrierung inklusive offener Erforschung der Bedürfnisse, Erarbeiten von Lösungswegen und deren Ausprobieren und Verbessern in der Praxis. Wenn man das auf die Verwaltung überträgt, werden in Deutschland schon beim Prinzip der Nutzerzentrierung viele Tausende Bedenkenträger fragen, ob das im öffentlichen Dienst nicht völlig gaga ist. In Koldings Sozialbehörde aber schulen sie inzwischen Krankenschwestern, Jugendamtsleiter, Sachbearbeiter, Budgetverwalter und Amtschefs danach. Alle müssen in eine kreisförmige Graphik steigen, die auf große Teppiche gedruckt wurde. In der Mitte ist ein Punkt, der die Welt des Klienten repräsentiert, »Selbstwert und Stimmigkeit« steht darauf. »Alles, was in dein Radar gerät, ist deine Verantwortung«, so die Ansage an die Staatsdiener. Alle müssen sich in diesen Punkt auf dem Teppich stellen. Sie lernen, dass das ganze Drumherum – die Gesetze, Verordnungen, Behördenwirrwarr, finanzielle Restriktionen – ihrer Welt angehört: der Welt der Verwaltung. Und dass der Bürger gefälligst ein Recht hat, mit diesem Unsinn nicht behelligt zu werden – mit ganz praktischen Folgen: Ein Ansprechpartner, der sich um die Bedürfnisse jedes vorstelligen Bürgers kümmert, in normaler Sprache, mit guter Erreichbarkeit, mit Freundlichkeit. Ja, bei Software und Services hat sich die Zentrierung auf UX, also auf die User Experience, längst durchgesetzt. Aber in der Verwaltung? Die Erfahrung aus Kolding zeigt, dass es funktioniert! Und, hallo Deutschland, dass es für alle Beteiligten – inklusive dem Steuerzahler– günstiger, wirksamer und zufriedenstellender ist.

Daraus lernen wir: Wir müssen unsere Bürokratie kreativieren! Nicht nur in einer kleinen Stadt in Dänemark, auf der ganzen Welt sehen Staaten inzwischen ein, dass es so wie bisher nicht weitergeht. Eine Reihe von Ländern und Regionalverwaltungen unter anderem in Chile, in Mexiko, innerhalb der EU-Kommission in Brüssel und sogar in den Vereinigten Arabischen Emiraten versucht gerade, Innovation-Labs in ihren Staatsapparat einzupflanzen. In Australien lässt die Regierung Designer und Programmierer den Staatsaufbau durchforsten. In Großbritannien wurde die staatlich finanzierte Nesta-Stiftung mit Innovationsprojekten betraut. Und im innovativen Estland, dem kleinen Land im Baltikum, in dem u.a. Skype erfunden wurde, wird seit den 1990er-Jahren erfolgreich daran gearbeitet, dass die Bürger nicht wie derzeit in Berlin bis zu 6 Wochen auf einen Termin beim Passamt oder der Kfz-Zulassungsstelle warten müssen, sondern dass das einfach vom Handy aus geht. Aktuell arbeitet Estland übrigens an bürgerfreundlichen Innovationen im Gesundheitswesen.

Noch steht Deutschland erst in den Startlöchern. Immerhin arbeitet die Bundesregierung inzwischen an der weitgehenden Abschaffung physischer Behördengänge bis 2022. In allen Bundesministerien wird auf unterschiedlichen Wegen das Thema Digitalisierung vorangetrieben. Und die damalige Arbeitsministerin Andrea Nahles besuchte in der vergangen Legislaturperiode das Design-Thinking-Institut von Hasso Plattner in Potsdam, lud anschließend Mitarbeiter des Ministeriums zu einem Grundkurs ein. Doch eine systematische, übergreifende Initiative zur kreativen Transformation der Verwaltung wurde noch nicht gestartet. Noch ist es allerdings nicht zu spät, sich an die Spitze einer solchen Bewegung zu setzen!

Wer wenn nicht Deutschland sollte das tun? Das Land, das immer noch die selbstquälerische Bezeichnung als Mutterland der Bürokratie quasi als Fußfessel trägt. Das Land, das aber auch in seiner Geschichte so viele Dichter, Denker und Erfinder hervorgebracht hat. Das Land, das schon vor rund 170 Jahren eine gepflegte Bürokratiekritik entwickelt hat, deren wesentliche Beobachtungen sich bis heute nicht geändert haben. Robert von Mohl, Staatsrechter, Paulskirchenabgeordneter und liberaler Bürokratiekritiker, unterstellte den Beamten »Hemmung würklicher Thätigkeit«. Es hänge vom Staatsapparat ab, so der Philosoph Georg Friedrich Hegel, wie sich »das Zutrauen und die Zufriedenheit« der Bürger zum System entwickele. Und Freiherr vom Stein, der preußische Staatsreformer, nannte die Beamten »interessenlose ohne Eigenthum seyende Büralisten«, die den Bezug zur gesellschaftlichen und wirtschaftlichen Wirklichkeit verloren hätten.

X

WIR BRAUCHEN EIN KREATIVITÄTSMINISTERIUM!

Der erste Digitalminister in Deutschland war Robert Habeck von den Grünen in Schleswig-Holstein, zumindest im Nebenberuf. Die erste Staatsministerin für Digitales auf Bundesebene ist Dorothea Bär von der CSU. In den Unternehmen gibt es inzwischen mehr und mehr Chief Digital Officers. Das ist spät, aber gut – denn mittlerweile ist die Digitalisierung geradezu struktureller Standard in allen Lebensbereichen, sie geht nicht mehr weg und muss entsprechend mit aller Kraft klug gemanaged werden.

Nach der durchgehenden Veränderung der technischen Infrastrukturen geht es nun darum, die digitalen wie die menschlichen Potenziale zu nutzen, um die Zukunftschancen des Landes und das Leben der Bürger zu verbessern. Und dazu braucht es ein eigenes Kreativitätsministerium! Nicht als Unterabteilung des Kanzleramtes oder eines bestehenden Ministeriums, sondern als eigenes, intellektuell selbstbewusstes und schlagkräftiges Ministerium. Es soll nutzer-, also wirklich bürgerorientierte Lösungen an der Schnittstelle zwischen Menschen und Staat entwickeln und durchsetzen, und auch prozessuale Lösungen für den Staat von Morgen.

Und es soll das das Thema Kreativität ins Bewusstsein der Bürger, der Wirtschaft und aller staatlicher Einrichtungen rücken. Ein Ministerium, das andere Behörden in Sachen Kreativierung ermuntert und ermächtigt, also dafür sorgt, dass auf allen Ebenen der Verwaltung bis hinein in die Kommunen der Ehrgeiz entsteht, dem nachzueifern. Mit einer begeisterungsfähigen Ministerin oder Minister für Kreativierung kann Deutschland der Welt und seinen Bürgern zeigen, dass wir wieder ein wirkliches Innovationsland werden wollen.

Dieses Ministerium darf freilich keine Schaufensterbehörde sein. Es sollte Querschnittsaufgaben erhalten und jede Gesetzesvorlage auf seine Verträglichkeit mit den Zielen von Kreativierung, Innovation und Bürgerfreundlichkeit überprüfen können. Es mag etwas paradox klingen, aber die Kreativierung eines komplexen Staates lässt sich nun einmal am besten von ganz oben beginnen, mit einem Startschuss, den alle hören und der idealerweise alle mitreißt. Denn nicht Befehle führen zur Entfesselung von Kreativität, sondern Begeisterung. Und schlaue Strukturen.

X

BEGEISTERUNG STATT BEFEHLE

Das ist jedenfalls die Erfahrung von Christian Bason, der weltweit Regierungen bei Innovationsthemen berät, darunter auch schon das Bundeskanzleramt. Bereits vor acht Jahren hat er ein wegweisendes Buch zum Thema vorgelegt, das jüngst in einer erneuerten Auflage erschien. »Man muss auf jeden Fall eine eigene Infrastruktur aufbauen«, sagt Bason. »Nur wenn man nah an der Leitung des Apparates ist, hat man die interne Legitimation, die Werkzeuge, das Wissen, hat man die Möglichkeiten, in die Breite zu wirken, weil man besser innerhalb des Systems arbeiten kann und weil man in die Abläufe mit strukturierten Prozessen eingreifen kann.«

Bason hat das schon hinter sich. Und es ist kein Zufall, dass auch er von Dänemark aus wirkt. Das Land ist seit Langem führend in der Erneuerung seines Staatswesens. In Dänemark ist der Staat besonders mächtig, daher ist er den Menschen auch besonders wichtig: Rund die Hälfte ihres Einkommens zahlen die Bürger an Steuern und Abgaben, fast jeder zweite ist Staatsdiener, beide Werte liegen deutlich höher als in Deutschland. Die Konsequenz daraus ist, wie immer wieder Umfragen belegen, dass in Dänemark die Ansprüche der Bürger an ihren Staat besonders hoch sind und dass der Staat aus Angst um seine Ausnahmestellung beweglicher ist als bei uns.

Das gilt nicht nur in Kommunen wie Kolding, sondern auch auf der Ebene des Zentralstaats. Das Experiment begann hier bereits kurz nach der Jahrtausendwende – 2002 nahm Mindlab seine Arbeit auf, das Labor zum Umbau des dänischen Staats. Bason war rund zehn Jahre lang einer der zwei Mindlab-Chefs. Die Geschichte fing – laut Bason – rund um das Jahr 2001 auf einer Innovationskonferenz in Kopenhagen an. Das dortige Wirtschaftsministerium hatte sie organisiert. Wirtschaftsbosse, Professoren, Politiker diskutierten im Lichte der ersten Welle von Digitalisierung und Disruption, wie das Land ein Klima für Erneuerung schaffen könnte. Plötzlich fragte einer der Unternehmer den anwesenden Wirtschaftsstaatssekretär: »Und wie riecht es bei euch im Ministerium?« »Nach alten Zigarren und vergilbtem Papier«, war die spitze Antwort des Staatssekretärs. Für ihn war sie dann der Anlass, eine eigene Innovationseinheit aus dem Boden zu stampfen. Gescheiterte Schulreformen, steckengebliebene Umbauten der Regionalstrukturen, fehlgelaufene Digitalprojekte, unpassende Buchhaltungs- Planungsmethoden sowie fehlende Expertise im öffentlichen Dienst hatten bis dahin weithin klargemacht, was alles faul war im Staate Dänemark.

Von 2002 an nahm Mindlab den Umbau des dänischen Zentralstaats in Angriff. Das Innovation-Lab stellte Designer ein, Praktiker aus Unternehmen und Programmierer. Mindlab war direkt der Führungsebene der Ministerien unterstellt, was – laut Bason – der Einheit erst die nötige Schlagkraft verschaffte. Aber dennoch: Wie sollten nicht einmal 20 festangestellte Mitarbeiter eine Administration mit über 30000 Mitarbeitern verändern?

Sie versuchten es, indem sie eine »Toolbox« entwickelten, die jeder Mitarbeiter in jeder Behörde herunterladen und anwenden konnte. Indem sie »Sekundanten« ausbildeten, Staatsdiener aus allen Bereichen, die jeweils für sechs Monate ins Mindlab kamen. Und indem sie mehrere Projekte umsetzten, die zeigten, wie es auch einfacher und billiger geht: Das dänische Firmenregister wurde komplett digitalisiert und umgebaut. Vorher war ein Viertel aller Einträge im Register lückenhaft oder falsch.

Jetzt ist die Fehlerquote vernachlässigbar. Und das neue Datenwerk hat sich gemessen an der Investition schon 23-fach ausgezahlt.

Zudem entwickelte Mindlab ein Digitaltool, das es jungen Dänen erleichtern sollte, ihre Steuererklärung abzugeben. Eine eigene Website der Finanzverwaltung wendet sich speziell an Studenten und Azubis. Ein anderes Projekt von Mindlab drehte sich darum, die Versorgung und Erfassung von Arbeitsinvaliden zu reorganisieren. Das Ergebnis brachte weniger Kosten und mehr Zufriedenheit bei den Betroffenen – ein Beispiel, das als Modell im »Harvard Business Review« behandelt wurde.

x

LEUTE, SCHAUT NACH DÄNEMARK!

Mindlab hat trotz seiner Erfolge im Frühjahr 2018 seine Arbeit eingestellt. Anstelle dessen wirkt nun eine anders strukturierte »Disruption Task Force«. Und Bason als ehemaliger Chef des dänischen Innovationslabors kümmert sich als Leiter des Danish Design Center in Kopenhagen um Verwaltungsinnovation in der ganzen Welt. Aber Dänemark hat heute ein Ministerium für Innovation im öffentlichen Sektor. »Ich möchte nicht alle Verdienste selbst einheimsen, aber ich denke schon, dass die ganze Bewegung rund um Innovation und Verwaltung, bei der Mindlab der Schlüsselakteur war, am Ende zu der Einsicht geführt hat, dass wir hier noch mehr tun sollen und dass wir sogar ein Ministerium mit diesem Portfolio brauchen«, sagt Bason.

Denn das ist auch eine Lehre aus der dänischen Erfahrung: Ein nur kleines Innovationslab bringt die Dinge zu langsam und zu mühselig voran. Wenn wir in Deutschland 20 Jahre später beginnen als die Dänen, sollten wir es gleich mit der größeren Schlagkraft eines eigenen Regierungsressorts tun. Unsere Bürokratie, die schwerfälliger, veränderungsaverser und stärker abhängig von Gesetzgebung ist als die der Dänen, braucht den Impuls von ganz oben.

Als der Verwaltungsexperte Bason 2007 zu Mindlab kam, hatte er mehr als zehn Jahre lang als Managementberater für die Industrie gearbeitet. Er hat sich daher sehr grundlegend Gedanken gemacht, wie viel schwerer es ist, die öffentliche Verwaltung auf Erneuerung zu trimmen:

»Ich glaube, dass die Umstände und Bedingungen im öffentlichen Sektor sich grundlegend von denen im Privatsektor unterscheiden, wenn es darum geht, Innovation und Veränderung durchzusetzen. Einer der fundamentalen Unterschiede ist, dass es auf Unternehmensseite Markt und Wettbewerb gibt. Sie haben dort immer die Bedrohung im Auge, dass Sie untergehen, wenn Sie sich nicht anpassen. Somit haben Sie immer einen Anreiz, kreativ und innovativ zu sein, weil Sie nur dadurch Wettbewerbsfähigkeit und Unterscheidbarkeit im Markt erlangen. Wenn es um Regierungen geht, haben Sie es in der Regel mit Monopolen zu tun. Es gibt – zum Beispiel – nur eine Finanzverwaltung. Niemand wird aus dem Geschäft gedrängt, wenn er zu langsam ist. Ohnehin ist es in der öffentlichen Verwaltung sehr schwer, Leistung zu messen und zu bewerten. Es gibt noch eine weitere Dimension: Die Stakeholder-Landschaft ist zwischen Regierungen und Unternehmen sehr unterschiedlich. Bei Regierungen haben Sie immer mit Medien zu tun, das heißt, sie handeln immer wie im Goldfischglas. Alle Momente von Fehlern, Verschwendung, Unprofessionalität oder sogar Korruption sind öffentlich ausgestellt. Damit sinkt die Bereitschaft, Risiken einzugehen und Fehler zu machen. Auch Privatunternehmen machen unglaubliche Fehler, aber die werden oft nicht öffentlich. Weitere Unterschiede sind die Komplexität der Stakeholder-Landschaft und deren politische Natur, wo es immer darum geht, die Erwartungen zu managen zwischen Abgeordneten, Endnutzern, Medien und anderen Beteiligten wie Gewerkschaften, Verbänden, Lobbyisten. Dadurch wird es viel schwieriger, fokussiert Innovation in der Verwaltung durchzusetzen. Wenn ich für eine staatliche Institution arbeite, gibt es automatisch immer viele Machtspiele. Und wenn wir anfangen, über Macht und deren Gebrauch zu reden, dann schafft das kein Klima, in dem Kreativität und Innovation gut gedeihen können. Sie werden immer darum fürchten, wer sich Ihre Ideen zu eigen macht, wie sie umgesetzt werden, was die anderen darüber sagen und so weiter. Das sind nur einige Punkte, die dafür sprechen, dass Innovation im öffentlichen Dienst deutlich schwieriger und herausfordernder durchzusetzen ist als in Privatunternehmen. Zum Schluss möchte ich aber auch noch einen Punkt nennen, der für das Gegenteil spricht. In der Regierung sind wir regelmäßig mit Krisen konfrontiert, die stets der erste Grund für den Ruf nach neuen Ideen sind. Außerdem sorgt der öffentliche Druck oft für neue Reformideen. Es mangelt also nicht an dem Verlangen nach Erneuerung – und das betrifft oft nicht nur die Politik, sondern auch die Spitze der öffentlichen Verwaltung. Sie haben zwar nicht den Markt als Innovationsanreiz, aber der öffentliche Druck kann sehr relevant werden.«

Bason erzählt das alles während einer langen Autofahrt zum Flughafen. Er ist unterwegs für die Planung einer Konferenz zum Thema kreative Bürokratie mit Gästen aus aller Welt, denn das Thema liegt in der Luft. Und zwar global. »Mit der Entwicklung von Digitalisierung und Technologie sehen wir überall Ausformungen eines öffentlichen Sektors, der die Verbindung zur Welt da draußen verliert«, sagt Bason: Der Welt der Unternehmen, der Start-ups, der Technologie. »Dieser wachsende Abstand erhöht den Druck auf Staaten, auch bei sich selbst mehr Kreativität und Innovationskraft zu entwickeln.«

x

DEUTSCHLAND MUSS LOSLEGEN

Weltweit gelangt dieses Verlangen ins Bewusstsein. Deutschland muss also schnell handeln. Jedenfalls wenn der Sozialstaat, wie schon vor Generationen Hegel feststellte, nicht seine Legitimation verlieren will. Es ist einerseits erleichternd zu erfahren, dass die Diskussion die hiesige Verwaltung nicht völlig unvorbereitet trifft. So waren Verantwortliche aus dem Kanzleramt, aber auch aus verschiedenen Bundesländern und einzelnen Kommunen mehrfach bei Bason in Kopenhagen zu Gast, als dieser noch bei Mindlab war. Andererseits fehlt der große öffentliche Anstoß. Es muss ein Ruck durch deutsche Amtsflure gehen. Nur: Wie setzt man diesen Ruck in Bewegung? »Ich persönlich glaube, dass das Potenzial dafür sehr groß ist, etwa den Design-thinking-Gedanken in der deutschen Verwaltung zu verankern«, sagt Bason. »Aber man muss auch sagen, dass es in Deutschland eine Reihe von Faktoren gibt, die das erschweren: die föderale Struktur, die Größe des Landes, die extreme Vergesetzlichung des öffentlichen Sektors.« Deutschland neige dazu, gesellschaftliche Probleme als gesetzgeberische Themen zu betrachten. Beamte sind hierzulande nicht dazu da, Probleme zu lösen, sondern Gesetze durchzusetzen. Das Bewusstsein dafür, wie Behavioral Design, Selbstertüchtigung der Bürger, und die Einbindung derselben als Koproduzenten eine Antwort auf gesellschaftliche Probleme liefern könnten – das fehlt laut Bason der deutschen Politik noch.

Umso wichtiger ist es, dass wir das Thema von ganz oben mit einem eigenen Kreativitätsministerium angehen. Das sollte nicht allein dafür zuständig sein, die Verwaltung auf Trab zu bringen, sondern auch dafür, dass Unternehmen, Verbände und der letzte Bürger kapieren, dass wir uns auf diesem Gebiet anstrengen müssen.

In einem örtlichen Rathaus – und darum herum – sieht man die Erfolge natürlich schneller als beim Kanzleramt. Und damit direkt zurück in die Gemeinde Kolding, zum städtischen Recyclinghof. Er liegt neben einem Gewerbegebiet am Rande der Stadt. Als hier ein Umbau anstand, hat die zuständige Behörde einen Designprozess initiiert. Was will der Bürger eigentlich? Wenig überraschende Erkenntnis: Er will seine Gartenabfälle und seinen Sperrmüll am liebsten außerhalb der Geschäftszeiten von 8–17 Uhr wochentags abliefern können. Da arbeitet er nämlich selbst. Also probierten sie aus, wie es läuft, wenn man die Tore rund um die Uhr offen lässt (ohne dass Personal vor Ort ist). Schon das funktionierte erstaunlich gut. Später entwickelten sie ein elektronisches Zugangssystem, das nachverfolgbar macht, wer wo welche Abfälle entlädt, und eine Müll-App, die den Bürgern etwa sagt, welcher Müll in welche Tonne gehört und wann diese abgeholt werden.

Schon 2012 hat die Gemeinde ihren Design-Plan verabschiedet. Er ist auf zehn Jahre angelegt. Zur Halbzeit hat er die Stimmung bei den Behördenmitarbeitern und die Zufriedenheit der Bürger deutlich verändert, wie Beteiligte berichten. Aber ein anderes Ziel hat sich nicht erfüllt: Die Maßnahmen haben nicht dazu geführt, dass Kolding mehr Zuzügler und Unternehmen angelockt hat. »Unsere Arbeit ist eben weitgehend unsichtbar«, sagt Trine Ellemose Zielke vom Designsekretariat der Gemeinde. Die Einheit von zehn Mitarbeitern sitzt in einem Fachwerkhaus aus dem 16. Jahrhundert. Sie hat 15 Jahre als Sozialarbeiterin mit Drogensüchtigen und Alkoholikern gearbeitet, bevor sie im Designsekretariat anfing, Innovationsideen in die lokalen Behörden zu bringen. In dem alten Fachwerkhaus wird nun umgebaut. Der Stadtrat will, dass das Designsekretariat noch schlagkräftiger wird. Und dass die lokalen Steuerzahler erfahren, wie sich die kreativen Maßnahmen der Verwaltung auch für sie auszahlen.

Das ist eine weitere wichtige Lehre: Je lauter sich der Umbau vollzieht, desto größer kann der Resonanzraum sein. Tue Gutes und kommuniziere es lautstark – sei es mit einem kommunikationsstarken Stadtrat, Bürgermeister, Kreativitätsminister, sei es zumindest mit einer guten Kommunikationsagentur. Oder mit beidem zusammen. Je mehr Menschen, Unternehmen und Ämter es mitkriegen, desto stärker wird die Wirkung sein.

Peder fährt im Großraumtaxi die Stecke vom Recyclinghof zurück in die Innenstadt. Sonst bringt er mal Rollstuhlfahrer, mal Besuchergruppen quer durch Kolding. Das Designkonzept? »Na klar«, sagt er. »Wir müssen die Demokratie verteidigen!« Peder unterrichtet nämlich nebenbei Philosophie an der Volkshochschule. »Und die Demokratie werden wir nur verteidigen, wenn die Bürokratie besser wird«, sagt er.

10. WIE DIE KREATIVE GESELLSCHAFT DEM TRAUM VON FREIHEIT NÄHERKOMMT

WIE DIE KREATIVE GESELLSCHAFT DEM TRAUM VON FREIHEIT NÄHERKOMMT

Während wir unsere Ideen zur Kreativierung sortieren, unterfüttern und systematisieren , zwingen uns immer wieder Ereignisse in der Welt da draußen, dass wir uns selbst fragen, ob unsere Maßstäbe eigentlich hier stimmen. Mitten in Deutschland versammeln sich normale Familienväter und -mütter auf einer Demo, auf der der »Rassenkrieg« erklärt wird. Als der Wirt des israelischen Restaurants Schalom in Chemnitz eine erneute antisemitische Attacke erfährt und einen Schweinekopf vor der Lokaltür findet, fragt ihn die Polizei am Telefon, ob er das Corpus delicti nicht selbst vorbeibringen könne – sie hätten gerade viel um die Ohren. Der ungarische Premier Victor Orbán, der bisweilen auch von deutschen Politikern hofiert wurde, verkündet das »Ende der liberalen Demokratie«, ohne auf lauten Widerspruch zu stoßen. In Polen entfernt die dortige Regierung die Richter, die eigentlich ebenjene Regierung kontrollieren sollen. In der Türkei tauscht die letzte große unabhängige Zeitung ihre Redaktion im Sinne von Präsident Recep Tayip Erdogan aus. US-Präsident Donald Trump blockiert die Fusion von AT&T und Time Warner, nachdem der Time-Warner-Sender CNN ihn kritisiert hat, und will zulasten von Amazon, dessen Eigner Jeff Bezos auch die trumpkritische Washington Post gehört, die Portogebühren bei der staatlichen Post verdoppeln. Russlands Präsident Putin bezeichnet alle nichtstaatlichen Medien als »Staatsfeinde«. Italiens mächtiger Innenminister Matteo Salvini kündigt an, Roma deportieren zu wollen. Und so weiter, und so weiter.

Wir haben momentan jeden Tag etwas mehr Sorgen um Demokratie und Freiheit, in Deutschland und in der Welt. Wer in den vergangenen Jahren und Monaten keine solchen Sorgen bekommen hat, dem kann nicht viel an der Freiheit liegen. Harvard-Politologe Yascha Mounk wirft in einer neuen Untersuchung die Frage auf, ob »das Überleben der Demokratie in Gefahr« ist. »Die Demokratie erlebt ihre schwerste Krise seit Jahrzehnten«, urteilt nüchtern der Jahresbericht der Nichtregierungsorganisation Freedom House. Das Gefährliche in unserem Land und anderswo scheint uns, dass die Gegner der Demokratie inzwischen Anhänger in der Mitte der Gesellschaft finden. Und dass die Verteidiger der Demokratie oft nur noch müde Antworten wissen. Eine große Auseinandersetzung hat schleichend begonnen, und es geht um das Wichtigste, was wir haben.

Wie sollen wir in so einer Situation ein Buch über Kreativität machen? Wir haben die Kreativierung als die mächtigste Bewegung in unserer heutigen Welt beschrieben. Aber stimmt das wirklich? Ist nicht die Bewegung zur Vernichtung der Freiheit mächtiger? Sie hat keinen einzelnen Anführer, keine Adresse und kein offizielles Programm, aber jeden Tag mehr Anhänger. In den unterschiedlichsten Ländern wächst nämlich die Angst, fühlen sich Leute von rückwärtsgewandtem Traditionsgefühl oder neuem Nationalismus oder der Sehnsucht nach einer leichter verständlichen Welt angezogen. Müssen wir also darüber schreiben statt über schöpferische Menschen? Was ist das ganze Gerede über kreative Organisationen und eine einfallsreiche Gesellschaften wert, wenn am Ende die Angst stärker ist? Und die Angst kommt ja genau von den Phänomenen, über die wir hier auch schreiben: die globale Öffnung, Vernetzung und Vielfalt, die vielen nicht geheuer ist. Dass Menschen sich nicht wohl dabei fühlen, wenn es ständig heißt, dass nichts bleiben kann, wie es ist. Dieses Unbehagen möchten wir niemandem zum Vorwurf machen. Ob es sich negativ weiterentwickeln kann oder nicht, hängt ja davon ab, inwieweit sich in den technischen und gesellschaftlichen Entwicklungen eine Perspektive finden lassen kann oder nicht. Es hängt von uns ab.

X

KREATIVITÄT UND FREIHEIT BEDINGEN SICH GEGENSEITIG

Und das genau ist der Punkt: Dies ist nämlich auch ein Buch zur Verteidigung der Freiheit, denn wir schreiben hier genau über die Perspektive. Kreativierung ist keine Frage der Hierarchiestruktur irgendwelcher Betriebsarbeitsgruppen. Sie ist eine Bedingung der Freiheit – und Freiheit ist eine Bedingung der Kreativierung. Mit anderen Worten: Wir glauben, dass die kreative Transformation, wie wir sie uns vorstellen, desto besser funktioniert, je höher der Freiheitsgrad in Staat und Gesellschaft ist. Mit Freiheit meinen wir hier nicht schrankenlose wirtschaftliche Freiheit, die kann es nicht auf menschenwürdige Weise geben. Wir meinen im Zentrum die Freiheit des Einzelnen.

Wenn wir sagen, vielfältige Teams sind besser als gleichförmige, dann kämpfen wir für eine vielfältige Gesellschaft. Wenn wir sagen, mehr Ideen und Informationen sind zentral für die Kreativität jedes Einzelnen, dann kämpfen wir für die weitere Ausbreitung von Kunstfreiheit, von Meinungs- und Medienfreiheit und dafür, dass alle drei üppig genutzt werden. Wenn wir erklären, dass Austausch und Kommunikation Voraussetzungen für kreatives Leben sind, dann plädieren wir – ganz im Sinne der berühmten Theorie von Jürgen Habermas – dafür, dass wir wieder die sozialen Grundlagen für das schaffen, was er mal »herrschaftsfreien Diskurs« genannt hat.

Wir glauben, dass nur Gesellschaften kreativ sein können, in denen sich Freiheit und Demokratie entwickeln. Ganze Weltregionen haben sich durch politisch oder religiös totalitäre Perioden von Kultur-, Erfindungs- und Wirtschaftshochburgen zurückentwickelt zu geistig verarmten Agrar- bzw. Rohstoffstaaten. Wir sind überzeugt, dass die schöpferische Kraft von Gemeinschaften in dem gleichem Maße sinkt, in dem der Grad an Restriktion und Überwachung steigt – egal, ob es sich um Firmen oder

Länder handelt. Wenn wir die Kreativierung fördern, fördern wir die Demokratie. Und wenn wir die Demokratie verteidigen, sichern wir die Grundlagen für die einfallsreiche Gesellschaft, aber auch für die ideenreiche und damit erfolgreiche Wirtschaft.

Wir müssen daher zuallererst lauter werden in unserem Plädoyer für die Kreativität. Wir müssen sie erklären und fördern und feiern, weil eine positive Idee die beste Antwort auf den sich ausbreitenden destruktiven Geist ist. Wir müssen mehr Geld ausgeben, auch für verrückte Einfälle, für neue Kunst, für spontane wie für langfristige Aktionen zur Kreativitätsentfaltung, für alles, was die Denkräume erweitert.

Das betrifft Firmen, Privatleute und die öffentliche Hand: Wer in Kultur investiert, investiert in Kreativität. Und damit in die Zukunft der Demokratie. Die Potenziale in unserem Land könnten viel besser gefördert werden: indem man zum Beispiel die gemeinnützigen Jobs für Hartz-IV-Empfänger nützt, um neue Ideen zu entwickeln. Indem man den staatlichen Museen etwas mehr Geld gibt, damit die Menschen keinen Eintritt mehr zahlen müssen. Indem man Jugendzentren nicht schließt wie in Chemnitz, sondern indem man viele neue eröffnet, um dort kreativierende und damit ermutigende und ermächtigende Programme rund um Musik, Sport, Malen und Sprayen, Basteln und Erfinden auszubauen.

Wer kreativ ist, ist frei. Kämpfen wir dafür, dass wir für immer kreativ bleiben können!

11. WIE KREATIVITÄT MEHR SPASS BRINGT – UND DAS IST VERDAMMT ERNST GEMEINT

WIE KREATIVITÄT MEHR SPASS BRINGT – UND DAS IST VERDAMMT ERNST GEMEINT

Es beginnt schon kurz nach der Geburt. Kleinkinder, die die Erfahrung machen, dass ihr Handeln in der Welt etwas bewirkt, trauen sich mehr zu. Rumms. Turm fällt um. Kind lacht. Klack. Turm steht. Beifall. Und diese Kapazität entwickelt sich im Laufe unseres Lebens weiter. Wer die Möglichkeit bekommt, etwas zu gestalten, der kann in der Regel gestalten – umso besser, wenn er freien Zugang zu den technischen Voraussetzungen und dem nötigen Wissen hat. Und wer einmal etwas gestaltet hat, der denkt weiter gestalterisch und traut sich auch mehr schöpferische Aufgaben zu.

Das ist eine Art positiver Teufelskreis, den die Psychologen Edwin Locke und Gary Latham vor fast 30 Jahren beschrieben haben und den sie den »high performance cycle« nannten. Wer viel von seinen Ideen umsetzen konnte, traut sich anschließend mehr zu, stellt sich schwierigeren Aufgaben, hat wiederum bessere Ideen. Und so geht es immer weiter. Dieser Mechanismus ist in unserem Hirn evolutionär angelegt. Das heißt, er funktioniert bei fast allen Individuen, nicht nur bei solchen, die mit Ausnahmetalenten gesegnet sind.

Nun könnte man den Begriff »high performance cycle« auch missverstehen und mit Hamsterrad übersetzen. Aber das Gegenteil ist gemeint: Denn je mehr ein Mensch die Erfahrung gemacht hat, etwas in der Welt zu bewirken, desto ausdauernder kann er arbeiten und desto weniger anfällig ist er laut psychologischen Studien beispielsweise für Depressionen oder Angststörungen. Ausnahmen bestätigen natürlich auch hier die Regel.

Knapp zusammengefasst: Wer kreativ ist, ist häufig glücklich. Wer kreativ sein kann, kann kreativ sein.

Der entsprechende psychologische Fachbegriff lautet Selbstwirksamkeit (bzw. Selbstwirksamkeitserwartung). Thomas Haag, der die Abteilung für psychosomatische Medizin am Gemeinschaftskrankenhaus Herdecke leitet, hat das Konzept und den Anspruch in einem SWR-Interview so zusammengefasst: »Die Aufgabe wäre, dass Menschen einen Zugang zu ihrer Gestaltungsfähigkeit, zu ihrer Kreativität, aber auch zu etwas finden, was für sie ein sinnvolles, ein attraktives Ziel ist, etwas, wo sie sich in Übereinstimmung fühlen.«

Das sind jetzt erst einmal allesamt Erkenntnisse über das Individuum. Aber sie haben eine große gesellschaftliche Tragweite. Und sie sind auch von Bedeutung für Organisationen, in denen Menschen arbeiten. Wenn wir es schaffen, uns so zu organisieren, dass Menschen ihre Ideen für die Gruppe verwirklichen dürfen, dann werden alle leistungsfähig. Dann hängt die Kreativität des Gesamtgebildes auch nicht mehr von Einzelnen, sondern von allen ab. Und nicht zuletzt: Dann sind alle fröhlicher.

So gesehen, beschreibt der »high performance cycle« auch unseren Anspruch und unseren Ausgangspunkt für die sich kreativierende Gesellschaft: Wie schaffen wir es, dass alle in diese positive Spirale hineinkommen können? Das fängt bei Bildung und Erziehung an, geht weiter bei der Frage, wem wir bei Einstellungen eine Chance geben und wie wir die Arbeit organisieren. Wie bereits gezeigt: Hierarchien, geschlossene Türen, milieu-homogene Netzwerke sind allesamt dem Kreislauf des Glücks nicht zuträglich.

Aber ist es überhaupt so wichtig, dass alle bei der Arbeit glücklich sind? Man hat ja oft die Spaßgesellschaft kritisiert und geätzt (wir auch!) über das Getue mancher Start-ups und Digitalfirmen: die ganze schöngefärbte Illusion, die sie verbreiten, dass alles wie ein Kindergarten aussehen müsste und die Arbeit dann auch ein Kinderspiel wäre. Ist sie natürlich trotzdem nicht. Es gibt Gewerkschafter, die vermuten, dass das alles nur perfide Tricks sind, mit denen Arbeitgeber versuchen, sich den heutigen Arbeitnehmer mit Haut und Haar einzuverleiben. Es ist verständlich, dass sich viele Menschen nach der alten Arbeitswelt zurücksehnen, in der man nach acht Stunden nach Hause gehen, die Arbeit vergessen und sich ganz dem Familienleben oder anderen Vergnügungen im Privatleben widmen kann. Das geht uns manchmal ganz genauso! Die Arbeit war zum Geldverdienen da, Spaß hatte man zu Hause oder draußen. Das sei doch viel menschlicher gewesen, sagen die Kritiker.

X

GUTE ALTE ZEITEN, SCHLECHTE ALTE ZEITEN

Es war die Zeit, als es im Fernsehen noch regelmäßig das »heitere Beruferaten« mit Robert Lembke gab. Es war eine der meistgesehenen Sendungen. Am Anfang kam ein Mensch ins graue Studio, dessen Tätigkeit wir nicht kannten. Und alles begann mit der Aufforderung: »Machen Sie eine typische Handbewegung!« Was könnte besser illustrieren, dass Arbeit in jenen Zeiten bedeutete, dass nur ein Körperteil, nur eine mechanische Geste, nur eine isolierte Kompetenz dem Einzelnen abverlangt wurde?

Wir glauben überhaupt nicht, dass es die menschlicheren Zeiten waren. Wir glauben im Gegenteil, dass das einer von zahllosen rückwärtsgewandten Mythen ist, die in unserer Zeit gerade mächtiger werden. Wir glauben aber gleichzeitig auch, dass die neue Arbeitswelt die viel menschlichere sein kann, jedenfalls unter gut definierten Voraussetzungen. Ja, wir gehören unserer Arbeit oft mit Haut und Haar. Aber wir alle verbringen nun mal in der Regel täglich acht Stunden am Arbeitsplatz, also die Hälfte unserer Lebenszeit abgesehen vom Schlaf. Und in dieser Zeit wollen wir mehr zurückbekommen als unser Gehalt.

Ja, wir müssen Dinge noch verändern, Arbeitszeiten limitieren, Kinder mit in die Betriebe lassen, Homeoffice zur Selbstverständlichkeit machen, kurz: Arbeitnehmern die Souveränität über ihr Leben lassen. Ohne das Gefühl der Souveränität für den Einzelnen funktioniert nämlich auch die ganze Idee von Kreativität und Selbstwirksamkeit nicht. Aber es ist für das Glück des Einzelnen, für den Erfolg der Organisation und für die Stabilität unserer Volkswirtschaft und Gesellschaft von Vorteil, wenn wir den ganzen Menschen fordern. Denn der Mensch fühlt sich wohler, wenn er ein Mensch sein darf und keine Funktion. Und was aus Aufgaben wird, die nur aus Funktion bestehen, das haben wir schon gesagt: Das erledigen ohnehin bald die Roboter ...

Arbeiten unter diesen Bedingungen darf und muss Spaß machen, sonst kommt nichts dabei heraus. Spaß bedeutet aber nicht, dass wir es an Ernst fehlen lassen. Im Gegenteil. Kreativität nach unserem Verständnis bedeutet ja auch nicht, dass jeder seine Verrücktheiten auslebt und keiner ihn jemals kritisiert oder bremst. Es klingt ein bisschen paradox, aber Spaß ist erst die Voraussetzung für Ernst! Siehe oben: Wer seine anfänglichen Spinnereien in die Welt hineinwerfen darf, der entwickelt kurze Zeit später die Ausdauer, die dann für nachhaltige Ideen und Lösungen vonnöten ist. Spaß, ja. Aber auch Anstrengung, Dauer, konzentrierte intellektuelle Auseinandersetzung, scharfe Konflikte und die Möglichkeit, mit Verhandlungspartnern, Vorgesetzten, Kunden und Kollegen heftig zu diskutieren. Feiern, wenn man selbst oder ein Kollege eine besonders gute oder auch eine besonders absurde Idee hat, und Pizzaschlachten im Büro. Aber bitte auch regelmäßig Feierabend. Spaß darf nicht zum Zwang werden.

X

KICK IT LIKE KUBRICK!

Die einfallsreiche Gesellschaft wird eine glücklichere Gesellschaft sein. Die kreative Arbeit der Zukunft wird uns alle mehr fordern, mehr anstrengen, mehr beschäftigen und mehr graue Haare kosten als unsere repetitivere Arbeit der Vergangenheit. Doch in dem Ergebnis steckt mehr von uns selbst drin. Das ist die beste Quelle für Zufriedenheit.

Die kreative Gesellschaft wird eine glücklichere Gesellschaft sein. Ja, wir wissen, dass das leicht nach einer hohlen Utopie klingt. Und wir wollen hier auf keinen Fall esoterische Heilserwartungen verbreiten. Außerdem wissen auch wir, dass der Weg dorthin in der Realität immer härter, schwieriger, konfliktreicher sein wird als in unserer Vision.

Aber es ist das Stärkste, das wir heute der aufkommenden Stimmung von Angst, von Zwang und von vermeintlicher Unausweichlichkeit entgegensetzen können: den selbstwirksamen Mensch. Die selbstwirksame Gesellschaft. Der Mensch, der nach seinen eigenen Vorstellungen Mensch sein darf.

Stanley Kubrick, der vielleicht kreativste Regisseur der Filmgeschichte (»2001: Odyssee im Weltraum«, »Clockwork Orange«, »Shining«) hat in einem Interview gesagt:

»Jeder, der einmal das Privileg hatte, einen Film zu drehen, weiß, dass das so ist, als würde man versuchen ‚Krieg und Frieden' in einem Autoscooter auf dem Jahrmarkt zu schreiben – aber dass es am Ende, wenn man es richtig gemacht hat, nicht viele Freuden im Leben gibt, die diesem Gefühl gleichkommen.«

Diese Beschreibung der Auswirkungen von Kreativität gilt nach unserer Erfahrung nicht nur beim Drehen von Filmen.

KREATIVIERT EUCH!

Die Reise hat erst begonnen. Das Ziel ist klar, die verschiedenen Wege dorthin sind noch nicht ausgetreten, und jeder muss den seinen erst einmal finden. Wir befinden uns nämlich auf einem Treck zur Erforschung neuer Möglichkeiten. Für jeden von uns ganz unterschiedlich. Das Einzige, worüber wir uns an dieser Stelle verständigen sollten, ist der Modus Operandi: wie wir weiterkommen, womit wir weiterkommen, wie wir das Abenteuer organisieren.

Kreativierung ist zum einen das, was längst bei vielen Menschen, in vielen Unternehmen und Ländern geschieht – und gleichzeitig die Art und Weise, wie wir selbst reagieren müssen, wenn wir unser Leben und unsere Welt mitgestalten wollen. Globale Märkte, digitale Netze, technische Fortschritte, soziologischer Wandel, politische Unsicherheit: Kreativierung, das beschreibt die weltweiten Entwicklungen, die uns anraten lassen, dass wir, wenn wir unseren wirtschaftlichen Erfolg aufrechterhalten wollen, alles dafür tun sollten, wieder eine schöpferische Gesellschaft zu werden.

Zum zweiten beschreibt das Wort unsere individuelle Antwort auf die Frage, wie wir nicht zum Objekt der Entwicklung werden, zum Opfer der Konkurrenz auf dem Weltmarkt und zum Opfer von Algorithmen und Robotern auf dem Arbeitsmarkt. Sondern wie wir zum Subjekt werden, also zum wertvollen kreativen und empathischen Unternehmer bzw. Arbeitnehmer, zum selbstbestimmten Gestalter der Kreativierung.

Was den ersten Teil betrifft, haben wir keine Wahl: Die Umwälzung findet längst statt. Beim zweiten Teil jedoch haben wir alle Wahlmöglichkeiten der Welt. Natürlich können wir uns der Kreativierung auch verweigern – aber wohl um den Preis, schon bald wirtschaftlich im Abseits zu stehen. Nicht moralisch betrachtet, sondern ganz pragmatisch.

Wenn wir uns für die Kreativierung entscheiden, dann bedeutet das nicht, dass wir uns dem Unvermeidlichen fügen, sondern dass wir den Raum offen halten. Dass wir dafür sorgen, unsere eigene Kreativität dafür einzusetzen, unsere Familie, Freunde und Kollegen, unser Unternehmen, unseren Verein, unsere Behörde oder sogar unsere Stadt oder unser Land zu einer menschlicheren, glücklicheren, beweglicheren Arbeits- bzw. Lebensweise zu inspirieren.

Dafür müssen wir uns aber selbst öffnen, müssen viel Musik hören, Bücher lesen, in Theater, in Museen, in fremde Umgebungen und Länder gehen, dürfen kontroverse Ansichten nicht meiden, sondern sie suchen und uns an ihnen reiben. Offen sein, Gegensätze zusammenbringen, mit sehr unterschiedlichen Menschen brainstormen und diskutieren, sich und seine Ideen immer wieder hinterfragen lassen und selbst hinterfragen – so entstehen kreative Ideen!

In den elf zentralen Kapiteln dieses Buchs haben wir die großen Arbeitsfelder der Kreativierung durchschritten. Wir haben wirkliche Reisen unternommen, nicht nur metaphorische, haben an die hundert Leute aus allen Ecken und Enden der Entwicklung getroffen und gesprochen. Diejenigen, die in diesem Buch zitiert sind, und diejenigen, die uns Anregungen und Hintergrundinformationen geliefert haben. Wir haben ursprüngliche Gewissheiten über den Haufen geworfen, sind skeptisch geworden gegenüber Weisheiten, die uns noch zu Beginn als Wahrheiten erschienen, haben mehrere unsere eigenen Ausgangsthesen neu gedacht. Und wir haben immens viel gelernt. Dann haben wir auf diesem Wege eine Art vorläufige Marschroute entwickelt, eine Art Schlachtordnung, ein paar Umgangsregeln und Randbedingungen, unter denen wir sagen würden: So klappt es. So kann dieses Buch etwas beitragen.

Wir haben am Anfang gesehen, wie Firmen kulturell zu denken lernen. Und wie einer, der weiß, was er will, beweist, dass vermeintliche Branchenregeln oft keine sind: »Komplexität meistern«, die auf Deutsch ausgesprochenen Worte des Volvo-Chefs Håkan Samuelsson, haben das Zeug, eine allgemeine Handlungsanweisung für unsere Zeit zu werden. Wir haben zugehört, wie Improvisation funktioniert: Hören, was kommt, verarbeiten, was war, in Echtzeit die Schlüsse ziehen und dem

Gegebenen etwas hinzufügen. Wenn Organisationen es schaffen, derart zusammenzuarbeiten, kommt aufregende Musik dabei heraus. Wir haben Verblüffendes über das Lernen gelernt – zum Beispiel, dass Schulen ohne Lehrer und Lehrplan und Abschlussnote erfolgreicher sein können als mit. Wir haben uns das Jack-Ma-Zitat über die zentrale Wichtigkeit der musischen Bildung an den Schulen als Poster übers Bett gehängt.

Wir haben in das menschliche Gehirn geblickt und festgestellt, dass es nicht etwa kreative und weniger kreative Menschen gibt, sondern dass der Mensch darauf angelegt ist, unablässig unzählige Ideen zu produzieren und die besten aufzubewahren – wir müssen diese nur auffangen. Wir haben Leute kennengelernt, die ohne autoritäre Chefs nicht weniger, sondern mehr arbeiten und sogar besser. Wir haben die Räume besucht, in denen die besten Gedanken entstehen – und erfahren, dass das oft die Flure sind, auf denen sich Menschen treffen, austauschen, streiten und inspirieren.

Wir haben in eine Zukunft geschaut, in die kaum jemand so richtig schauen will, nämlich die der alternden Gesellschaft – sie verliert ihren Schrecken, wenn man weiß, wie die Menschen bis ans Lebensende kreativ und lebendig bleiben können. Wir haben uns ein wenig mit deutschem Gewurstel und deutscher Perfektion versöhnt, weil wir viele Anhaltspunkte dafür gefunden haben, dass neben den Fällen, in denen wirklich nur eine Revolution weiterhilft, oft eine kluge, kreative Evolution Produkte, Dienstleistungen, das Zusammenarbeiten und Zusammenleben verbessern kann. Trotz niedrigster Erwartungen waren wir allerdings entsetzt, wie unkreativ und zurückgeblieben viele Verwaltungen und viele Staaten sind, verglichen mit dem, was sich in anderen Bereichen tut.

Es ist uns deutlich geworden, dass Kreativität, Empathie und Freiheit die beste Antwort auf die aufkommenden Ängste der Gesellschaft sind. Und, nebenbei, auch die besten Voraussetzungen für künstlerische und geschäftliche Erfolge. Schließlich haben wir erst theoretisch durchdrungen und dann am eigenen Leib erfahren, wie ein positiver Teufelskreis funktioniert.

Es ist also alles gleichzeitig schwieriger, aber auch besser, als wir am Anfang geglaubt haben.

Schwieriger ist es, weil die Aufgabe riesengroß ist, weil es große Widerstände in Unternehmen, im Bildungsbereich und in der Verwaltung mit ihren tief verwurzelten Beharrungskräften gibt. Und weil viele politische Kräfte der letzten Jahre versuchen, die für Kreativität unabdingbaren Werte zu zerstören.

Es ist aber auch besser als gedacht, weil wir von unseren Gesprächspartnern auf allen Ebenen und in allen Disziplinen beschrieben und belegt bekommen haben, wie sehr das, was wir wollen, dem Menschen eigentlich eigen ist: Ideen haben, mit Ideen durchdringen, Ideen gemeinsam entwickeln, mit Ideen etwas bewirken.

Besser geworden ist es auch, weil wir durchschlagende Argumente dafür gefunden haben, dass die Möglichkeiten der Kreativierung am größten sind unter den Bedingungen, die wir uns noch aus vielen anderen Gründen wünschen: mehr Freiheit, mehr Vielfalt, mehr Individualität, mehr Teamwork, mehr Spiel, mehr Konzentration, mehr Sinn.

Kreativierung bedeutet die Erweiterung des Möglichkeitsraums. Und: Kreativität bedeutet mehr Freude am Leben. Wenn wir uns kreativieren, befreien wir uns also. Wenn wir für die Kreativierung plädieren, kämpfen wir für die Befreiung des Menschen.

Im Ernst? Am Ende steht die Befreiung des Menschen? Ist das nicht ein bisschen zu groß? Nicht erschrecken! Es ist ja erst einmal nur eine Idee. Aber mit einer fängt alles an.

ALSO
LASST UNS
ENDLICH
LOSLEGEN:

SCHAFFT BEWUSSTSEIN!

ERMÄCHTIGT DIE MENSCHEN!

GEBT KREATIVITÄTSUNTERRICHT AN
JEDER SCHULE!

MACHT DIE FIRMEN ZU KREATIVEN
ENTWICKLERN UND ERFINDERN!

MACHT MÜDE BEHÖRDEN ZU MUNTEREN
UNTERSTÜTZERN DER BÜRGER!

MACHT KREATIVITÄTSPOLITIK!

LASST UNS KREATIVITÄT WIEDER
FÖRDERN UND FEIERN!

JEDEN TAG EINE KREATIVE TAT.
AB HEUTE.

WIR DANKEN HERZLICH

…unseren Familien, Eltern und Freunden dafür, dass sie uns das alles mit ihrer großen Liebe ermöglicht haben

…den 800 großartigen Kollegen der Hirschen Group
und ihrer Kommunikations- und Beratungsagenturen
365 Sherpas, Freunde des Hauses, health angels,
ressourcenmangel, VORN Consulting, TraDeers, zerotwonine &
Zum goldenen Hirschen für ihre begeisterte
Mitwirkung und Unterstützung

…unseren Hirschen Group Partnern
Hans Langguth, Philipp Keller,
Klaus Sielker und Cornelius Winter
fürs selbstlose Mithelfen und daran glauben

…Sabrina Goessmann, Sonja Ludwig und Sonja Schaub für die engagierte organisatorische und die kommunikative Begleitung

…Xuan Hoang und Katja Schnabel für die tolle Gestaltung des Buchs

...Jonathan Franzen, Miles Davis, Ridley Scott und Johann Sebastian Bach für die Kreativierung von Martin Blach

...Rainald Goetz, Katharina Thalbach, Christoph Schlingensief und die Beastie Boys für die Kreativierung von Bernd Heusinger

...Bob Marley, Jaques Brel, Public Enemy und Jack Kerouac für die Kreativierung von Marcel Loko

...Ulrich Bähr, Christian Bason, Harold Bekkering, Thomas Clark, Christopher Dell, Arne Dietrich, Alexander Ewig, Gerald Hüther, Dietrich Schulze-Marmeling, Daniel Memmert, Stefan Truthän, Doris Sawallich und den Mitarbeitern und Schülern der Gesamtschule Weierheide sowie Trine Ellemose Zielke und den Mitarbeitern der Kolding Kommune für ihr Wissen, ihre Zeit und ihren Input

...Steffen Klusmann fürs Matchmaking

...Franz Leipold fürs souveräne Lektorat

...und Christian Strasser für sofortige Begeisterung und komplett stressfreies Verlegen!

BIOGRAFIEN

DIE HIRSCHEN GROUP

Die Hirschen Group ist mehr als eine Firmengruppe, sie ist eine zutiefst auf Kreativität aufgebaute Plattform für momentan acht verschiedene Kommunikationsagenturen sowie Beratungsfirmen für Kommunikation, Digitalisierung und Öffentlichkeitsarbeit. Hervorgegangen aus der Werbe- und Ideenagentur Zum goldenen Hirschen wurde die Hirschen Group 2005 gegründet und gehört heute mit ihren Tochterfirmen 365 Sherpas, Freunde des Hauses, health angels, ressourcenmangel, VORN Consulting, TraDeers, zerotwonine & Zum goldenen Hirschen zu den größten inhabergeführten Agenturgruppen Deutschlands. Aktuell betreuen über 800 Mitarbeiter an den Standorten Berlin, Dresden, Düsseldorf, Frankfurt, Hamburg, Köln, London, München, Stuttgart und Wien mehr als 200 nationale und internationale Kunden.

LUTZ MEIER

geboren 1968 in Osnabrück. Ist Wirtschaftsreporter in Berlin und Autor für die Zeitschriften Manager Magazin und Capital. Er schrieb über Kleider und Literatur bei der legendären Modezeitschrift Sibylle, verantwortete das Medienressort der taz, baute die Financial Times Deutschland mit auf und leitete jahrelang das Korrespondentenbüro in Paris für die Gruner+ Jahr Wirtschaftsmedien.

MARTIN BLACH

geboren 1964 in Wien. Studium der Volkswirtschaft in Wien und Toronto. Zunächst als Berater, Stratege und CEO bei verschiedenen internationalen Kommunkationsagenturen multikulturell sozialisiert. 2005 gründete er mit Heusinger und Loko die Hirschen Group und leitet sie mit ihnen gemeinsam als CEO.

BERND HEUSINGER

geboren 1964 in Fürth. Studium der Theater- und Kommunikationswissenschaften. Journalist, Theaterautor und Regisseur, dann gemeinsam mit Marcel Loko 1995 Gründer von Zum goldenen Hirschen. Ursprünglich verantwortlich für kreative Kampagnen, mittlerweile für kreative Strategie- und Unternehmensentwicklung. Gemeinsam mit Blach und Loko CEO und Partner der Hirschen Group.

MARCEL LOKO

geboren 1964 in Wittenberg, aufgewachsen in Leipzig, Kinshasa, Berlin und Bonn. Er studierte und arbeitete in Köln, Paris und New York, gründete Zum goldenen Hirschen in Hamburg. Ebenfalls CEO und Partner der Hirschen Group. Loko hat dabei nicht nur Landes- und Kulturgrenzen überwunden, sondern gemeinsam mit seinen Kompagnons die ungeschriebenen Gesetze der elitären Kreativszene verändert.

REGISTER

totAl cReativiTy